極簡甜點工作室！手作餅乾、法式點心專門書

呂昇達／著

沒有繁雜的手續，只有幸福的美味，輕鬆做就很好吃
從五星級飯店、高級甜點店到家庭烘焙 DIY 輕鬆完成的手工甜點。

魔鬼藏在細節裡，分析製作餅乾的疑難雜症，不論是烘焙初學者、個人工作室、專業甜點專門店，都能從這本書發掘出自己所需要的餅乾和點心。

完整通透的烘焙世界，
從零開始學，烘焙新手也能輕鬆完成。

從單純的美味出發，讓食材自然呈現。運用奶油、砂糖、麵粉作為所有餅乾的骨架，延伸出更種不同的風味。我是呂昇達老師，謝謝各位讀者的支持，能夠讓老師的甜點理念和想法傳承下去，希望大家能夠多多練習本書中的所有作品。

呂昇達老師
的烘焙市集

呂昇達老師
的學習日誌

呂昇達的
烘焙市集

edison6974

Contents

Part
1 奶酥餅乾系列

Part
2 鐵盒餅乾系列

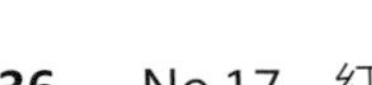

Part
3 杏仁瓦片系列

Part
4 馬林糖系列

Part 5 美式軟餅乾系列

Part 6 布丁與奶酪系列

Part 7 瑪德蓮常溫蛋糕系列

Part 8 費南雪常溫蛋糕系列

Part 9 達克瓦茲系列

Part 10 比司吉變化系列

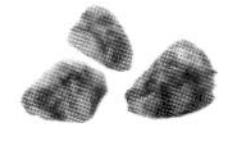

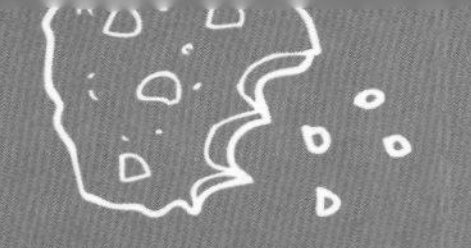

Part

1

奶酥餅乾系列

香草奶酥餅乾

奶酥型的餅乾是酥鬆脆型的餅乾，推薦使用細砂糖或二砂糖，用糖粉做不出酥脆的感覺。

奶粉使用低脂、全脂皆可。

香草奶酥餅乾基本製作

規格 15g

份量 24 個

材料

材料	配方（公克）
無鹽奶油	100
細砂糖	60
雞蛋	10
香草莢醬	2
低筋麵粉	160
奶粉	30

★香草莢醬 2g 可用新鮮香草籽 2g 替代。

★雞蛋要打成全蛋液，退冰備用。

作法

01

無鹽奶油放置室溫退冰，軟化至 16~20˚C。

02

再放入鋼盆中，用慢速將奶油打軟，打成膏狀。

03

加入細砂糖，攪拌器中速混合均勻，不需拌至材料融化，只需要拌到糖均勻分布於奶油內即可。

04

加入全部雞蛋、香草莢醬，用中速攪拌，攪拌至蛋液吸收、材料乳化均勻。

05

最後加入過篩好的低筋麵粉、奶粉，用刮刀輕輕翻拌均勻。

06

分割每個 15g。

07

整形手法參考下頁說明。

No. 1 奶酥小圓餅乾

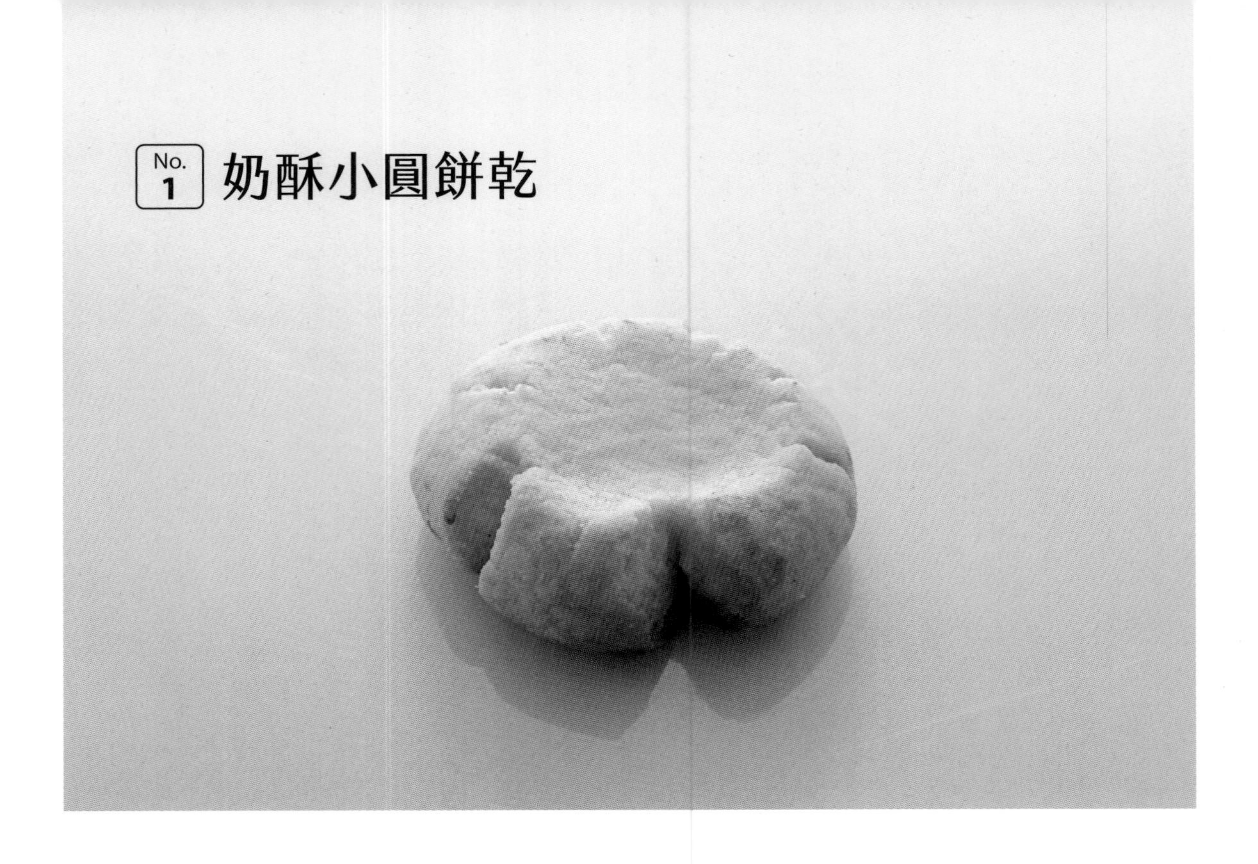

作法

01
取一顆分割完畢的麵團。

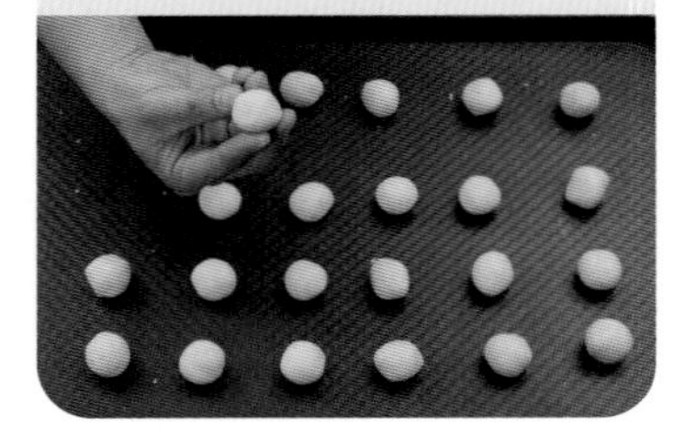

02
雙手搓圓。

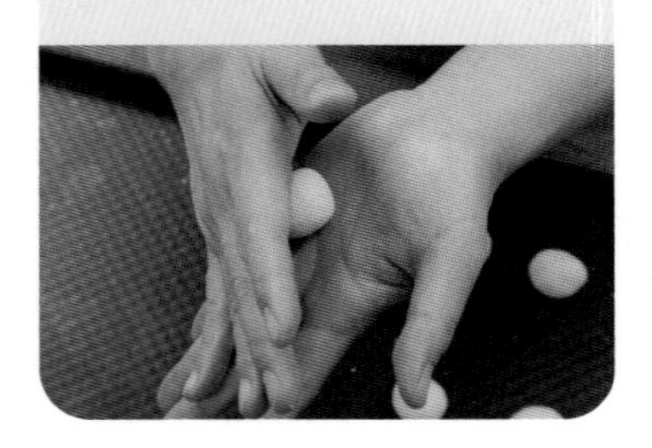

03
搓成圓形。

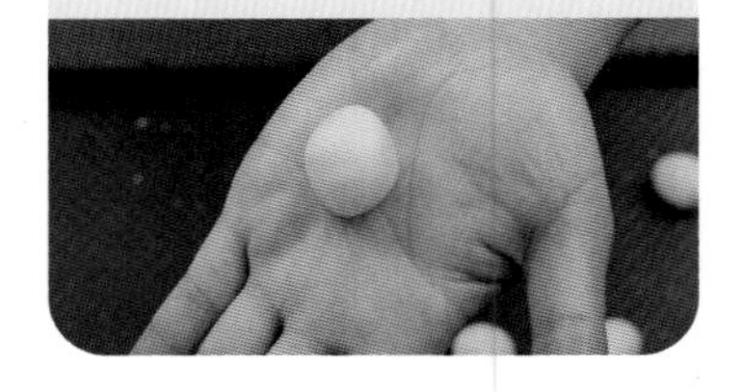

04
間距相等放入不沾烤盤。

05
用指節輕壓中心。

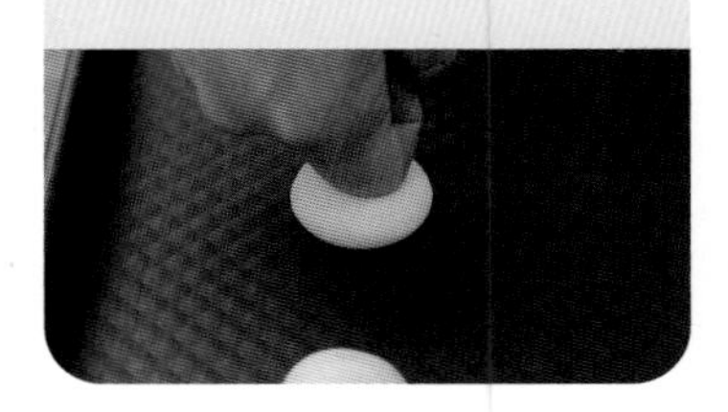

06
邊緣會有自然的破裂，這是正常現象。

07
送入已預熱完成之烤箱，以上下火 160°C 烘烤 16~20 分鐘。

No. 2 奶酥中雙糖餅乾

作法

01
取一顆分割完畢的麵團。

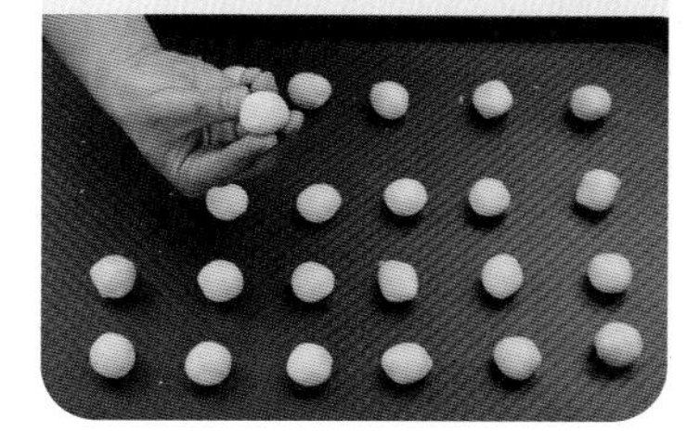

02
雙手搓圓。

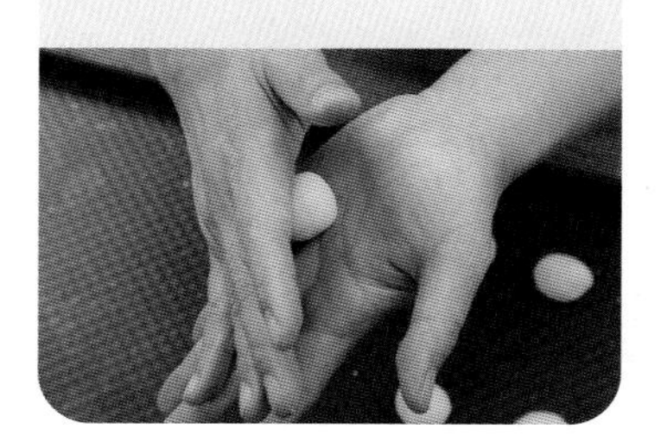

03
搓成圓形。

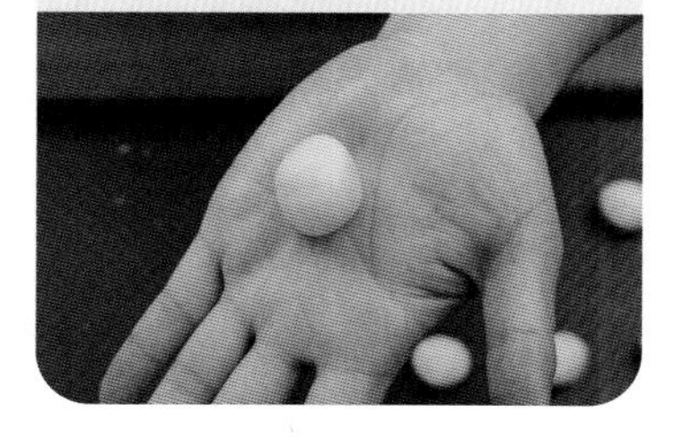

04
準備麵團與中雙糖，將中雙糖輕輕沾上麵團。

05
間距相等放入不沾烤盤中，用叉子輕壓做簡單造型，令中雙糖黏得更緊一點。

06
送入已預熱完成之烤箱，以上下火 160°C 烘烤 16~20 分鐘。

No. 3 奶酥山形餅乾

作法

01
取一顆分割完畢的麵團。

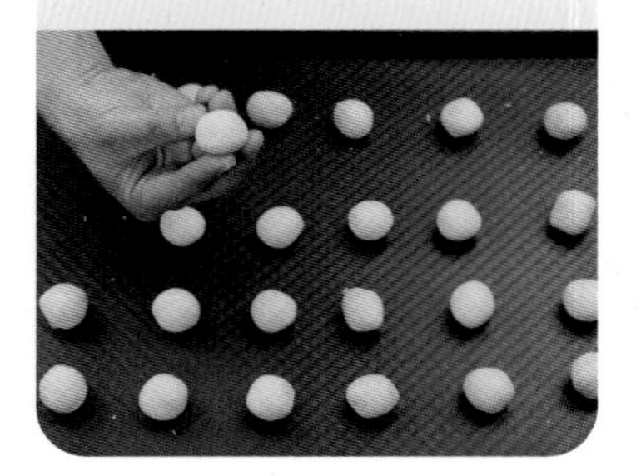

02
雙手搓圓。

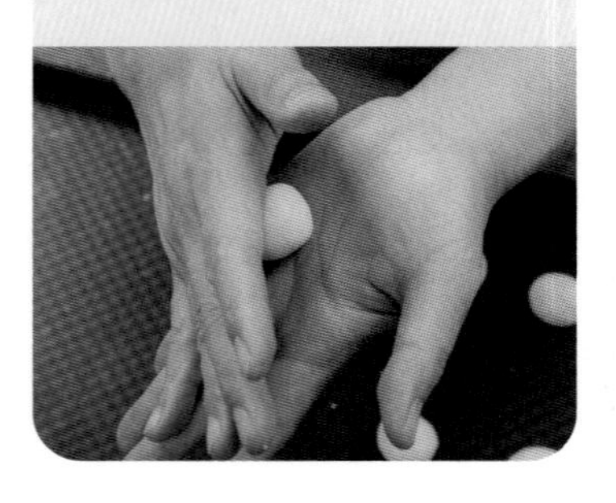

03
搓成圓形。

04
置於掌心中，握緊。

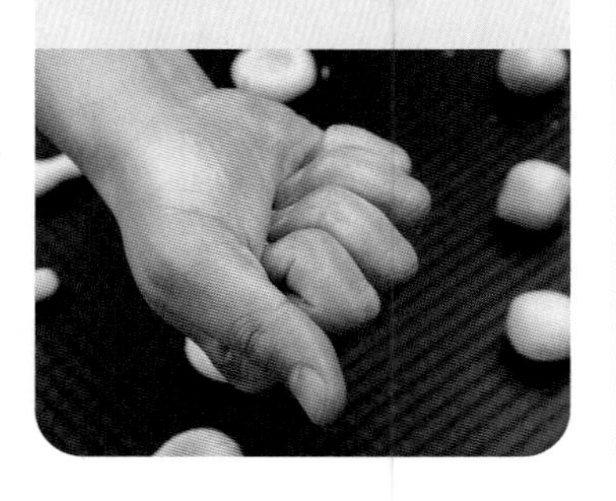

05
自然塑形。

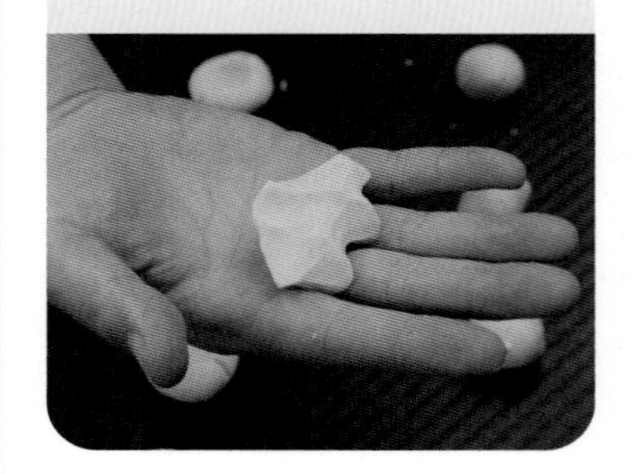

06
間距相等放入不沾烤盤中，送入已預熱完成之烤箱，以上下火 160°C 烘烤 16~20 分鐘。

No. 4 萬聖節巫婆手指餅乾

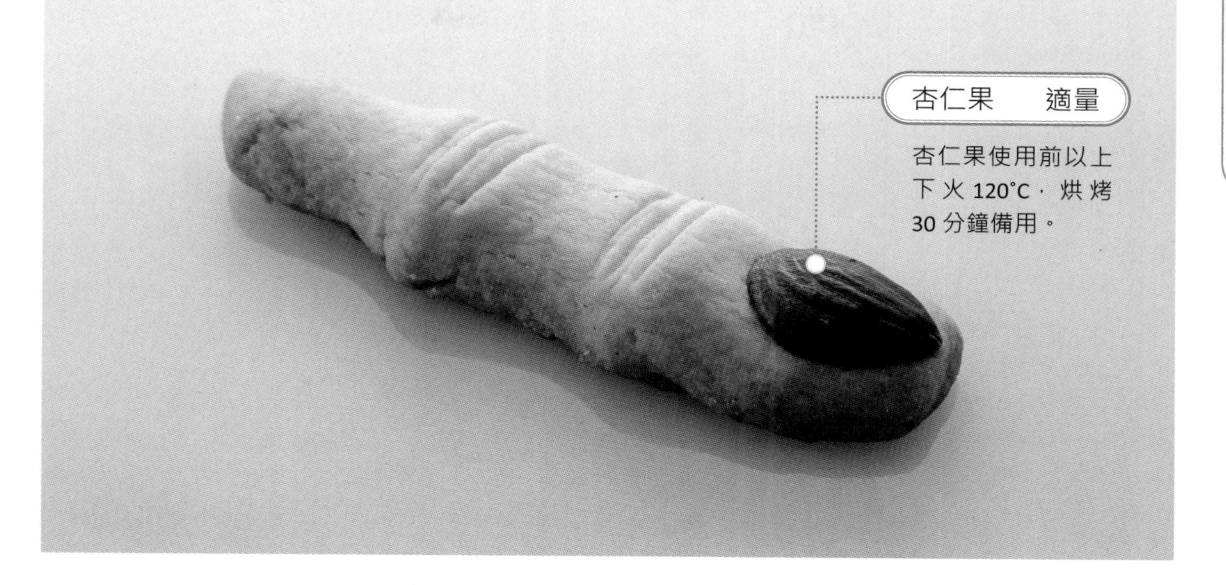

杏仁果　　適量

杏仁果使用前以上下火 120°C，烘烤 30 分鐘備用。

作法

01

取一顆分割完畢的麵團，搓成圓形。

02

放於掌心中，用手指先搓出大概長度。

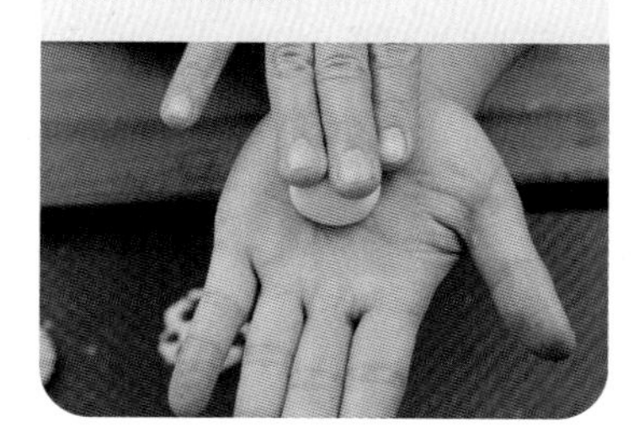

03

再用三根手指，針對三個指節輕輕搓細。

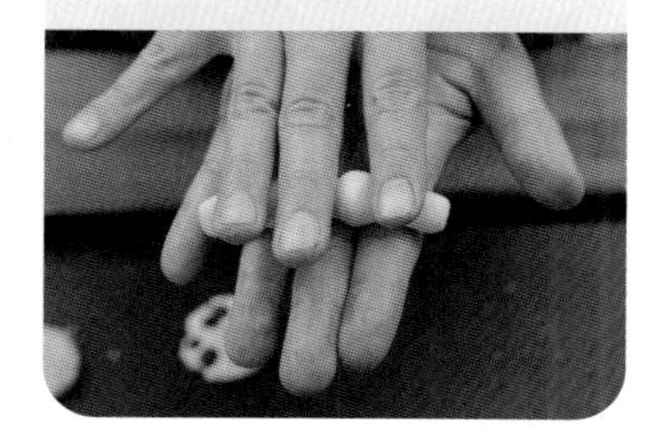

04

搓出指節的模樣。

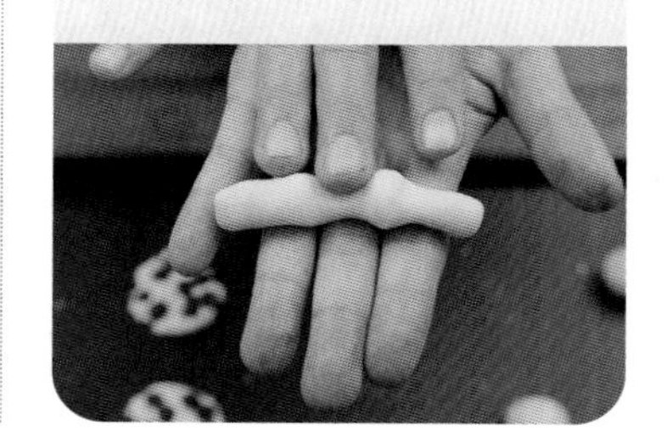

05

間距相等放入不沾烤盤中，頂端鋪上杏仁果，做成指甲。

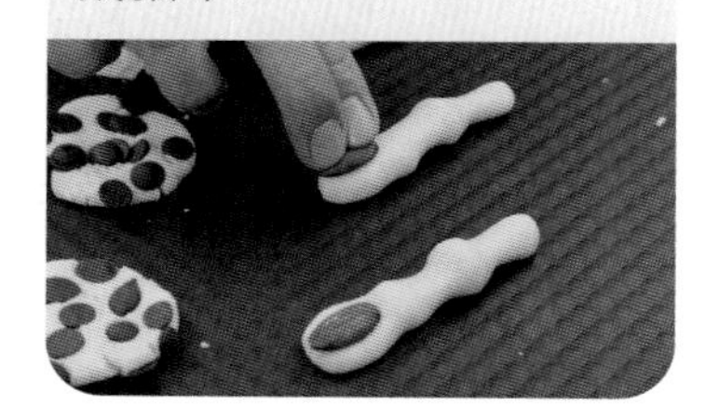

06

切麵刀切出手指紋路，送入已預熱完成之烤箱，以上下火 160°C 烘烤 16~20 分鐘。

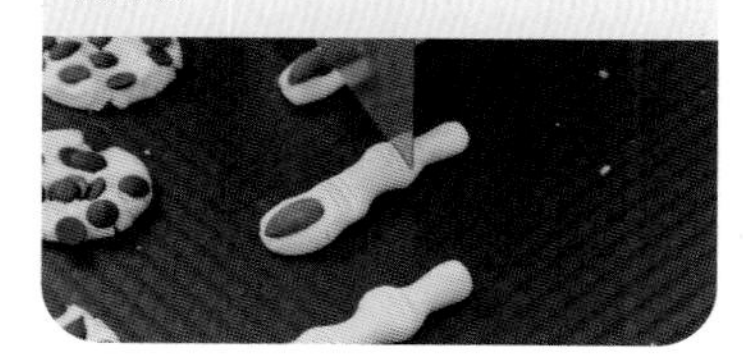

No. 5 奶酥巧克力豆餅乾

作法

01
取一顆分割完畢的麵團。

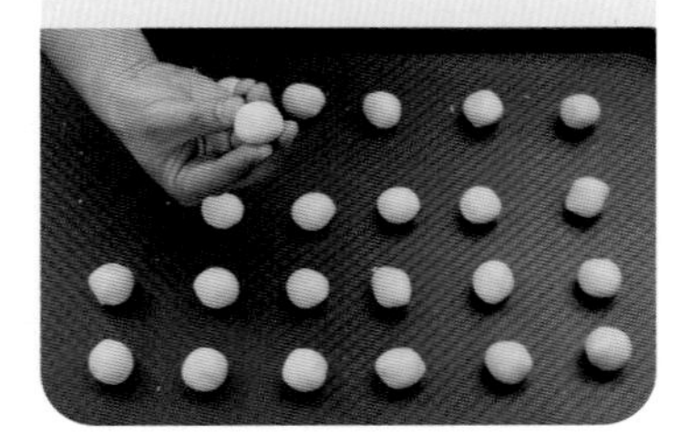

02
雙手搓成圓形。

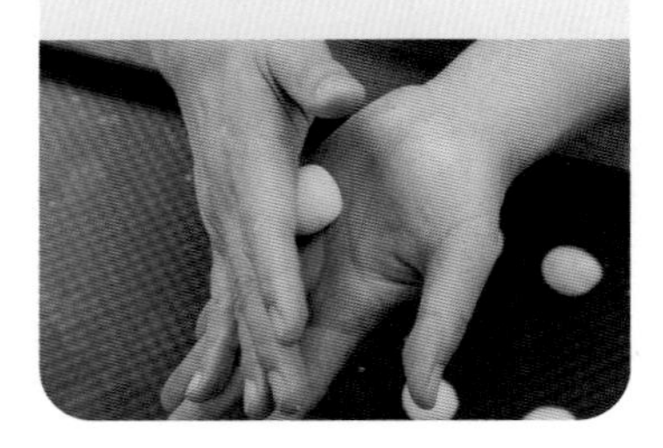

03
放入高溫巧克力豆中。

04
均勻裹上材料。

05
間距相等放入不沾烤盤中，輕輕壓扁，壓完後形狀會有些不規則，但沒關係，再用手指整形成圓形即可。

06
送入已預熱完成之烤箱，以上下火 160°C 烘烤 16~20 分鐘。

No. 6 萬聖節蜘蛛餅乾

- 巧克力造型眼睛　適量
- 巧克力球　適量
- 隔水加熱融化的巧克力醬　適量

作法

01
參考 P.12 整形。

02
間距相等放入不沾烤盤中，送入已預熱完成之烤箱，以上下火 160°C 烘烤 16~20 分鐘。

03
放涼後擠隔水加熱融化的巧克力醬，擠出蜘蛛腳。

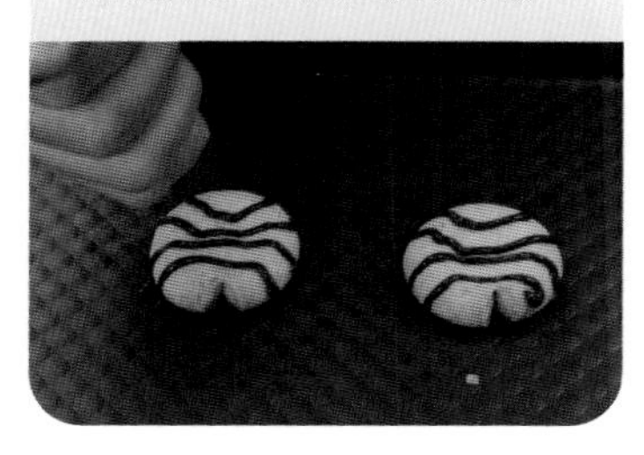

04
接合處擠隔水加熱融化的巧克力醬，與巧克力球組合。

05
準備黏巧克力造型眼睛，接合處擠適量巧克力醬。

06
確認位置，放上巧克力造型眼睛組裝。

Point

奶酥型的餅乾是酥鬆脆型的餅乾，推薦用細砂糖或二砂糖，用糖粉做不出酥脆的感覺。

二砂糖的顆粒更粗，風味較強，搭配巧克力會比使用細砂糖更適合。

奶粉使用低脂、全脂皆可。

可可奶酥餅乾基本製作

規格 15g

份量 23 個

材料

材料	配方（公克）
無鹽奶油	100
二砂糖	60
雞蛋	10
香草莢醬	2
低筋麵粉	150
可可粉	15
奶粉	10

★香草莢醬 2g 可用新鮮香草籽 2g 替代。

作法

01

無鹽奶油放置室溫退冰，軟化至 16~20°C。雞蛋退冰至常溫，拌成蛋液。

02

無鹽奶油放入鋼盆中，用慢速將奶油打軟，打成膏狀。

03

加入二砂糖，攪拌器中速混合均勻，不需拌至材料融化，只需要拌到糖均勻分布於奶油內即可。

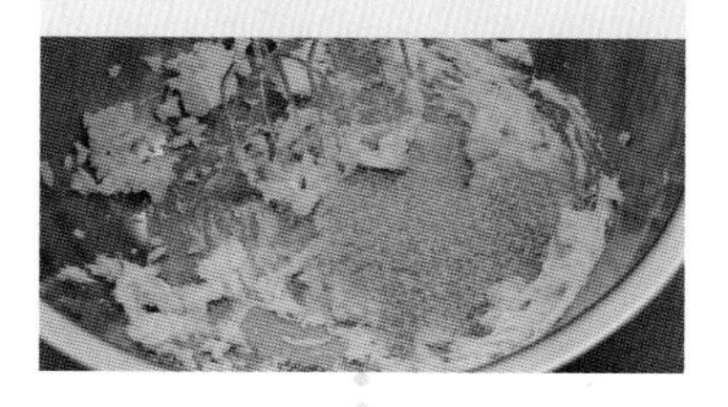

04

加入全部雞蛋、香草莢醬，用中速攪拌，攪拌至蛋液吸收、材料乳化均勻。

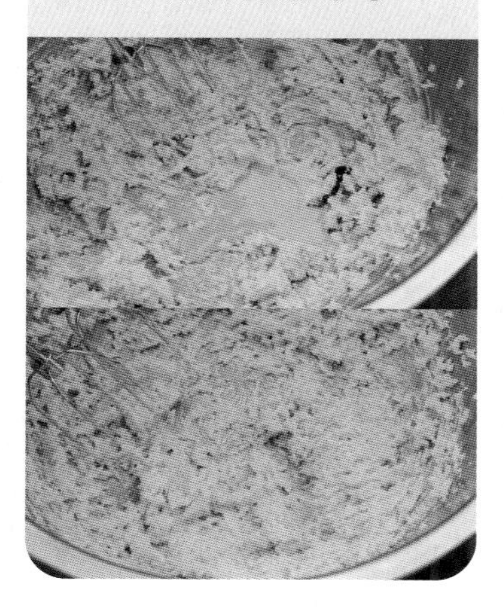

05

最後加入過篩低筋麵粉、過篩可可粉、過篩奶粉，用刮刀輕輕翻拌均勻。

06

分割每個 15g。

07

整形手法參考下頁說明。

No. 7 可可岩鹽山形餅乾

作法

01
取一顆分割完畢的麵團，雙手搓圓。

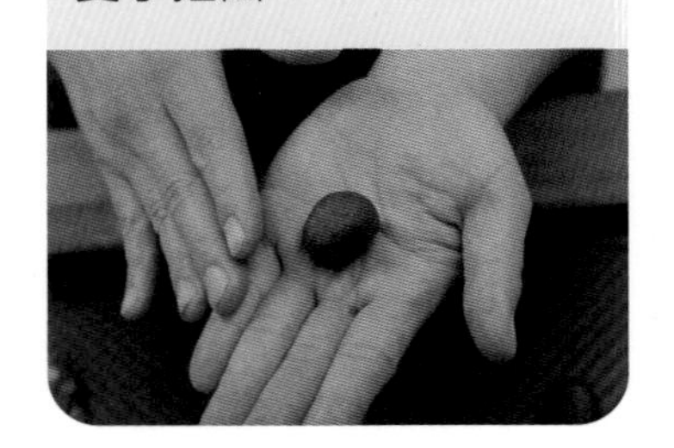

02
間距相等放入不沾烤盤，用兩指輕輕壓出指痕。

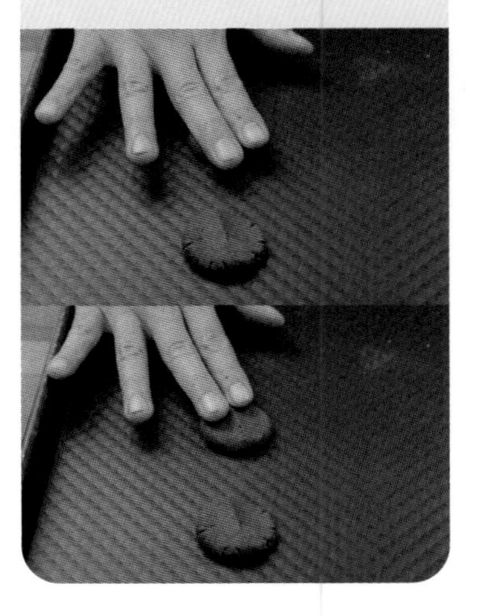

03
撒上適量岩鹽。

04
送入已預熱完成之烤箱，以上下火 160°C 烘烤 16~20 分鐘。

No. 8 可可二砂糖餅乾

作法

01
取一顆分割完畢的麵團，輕輕搓圓。

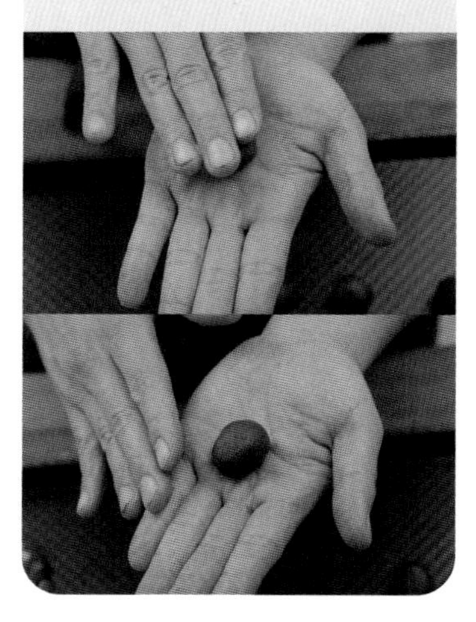

02
放入二砂糖，滾一圈。

03
間距相等放入不沾烤盤，用叉子輕壓做簡單造型，令中雙糖黏得更緊一點。

04
間距相等放入不沾烤盤中，送入已預熱完成之烤箱，以上下火 160°C 烘烤 16~20 分鐘。

No. 9 可可橘皮條酥餅

蜜漬橘皮條　適量

金箔粉　適量

隔水加熱融化的巧克力　適量

作法

01
取一顆分割完畢的麵團，放在掌心。

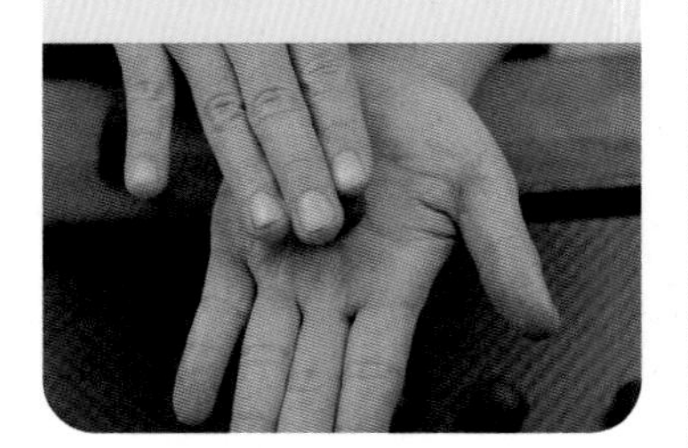

02
雙手搓圓。

03
間距相等放入不沾烤盤，輕輕壓平。

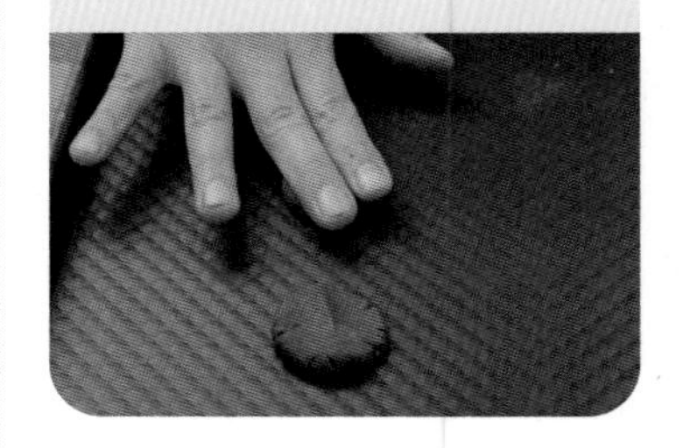

04
再壓開。

05
放上橘皮條，送入已預熱完成之烤箱，以上下火 160°C 烘烤 16~20 分鐘。

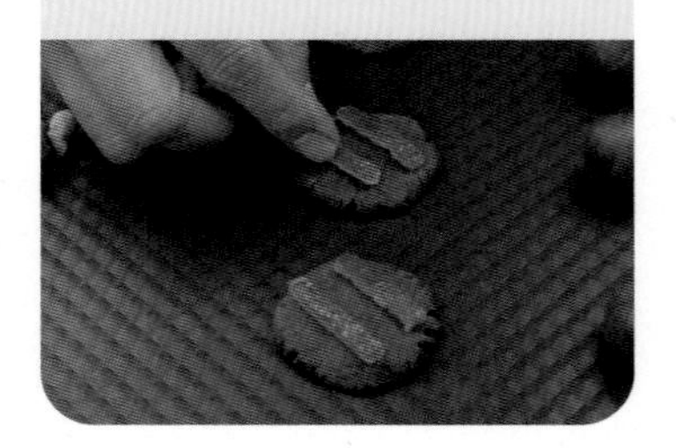

06
出爐放涼，一端沾隔水加熱融化的巧克力，待巧克力放涼變硬，刷金箔粉。

No. 10 可可核桃酥餅

Part 1 奶酥餅乾系列

作法

01
取一顆分割完畢的麵團，放在掌心。

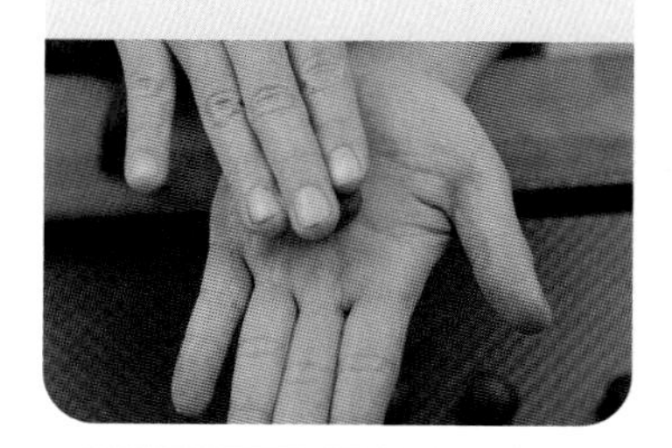

02
雙手搓圓。

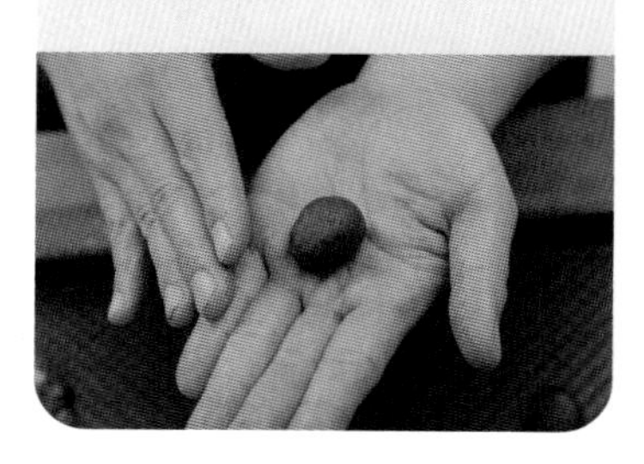

03
放入核桃碎中。

04
間距相等放入不沾烤盤。

05
輕輕壓成不規則圓片即可。

06
送入已預熱完成之烤箱，以上下火 160°C 烘烤 16~20 分鐘。

No. 11 萬聖節可可巫婆手指餅乾

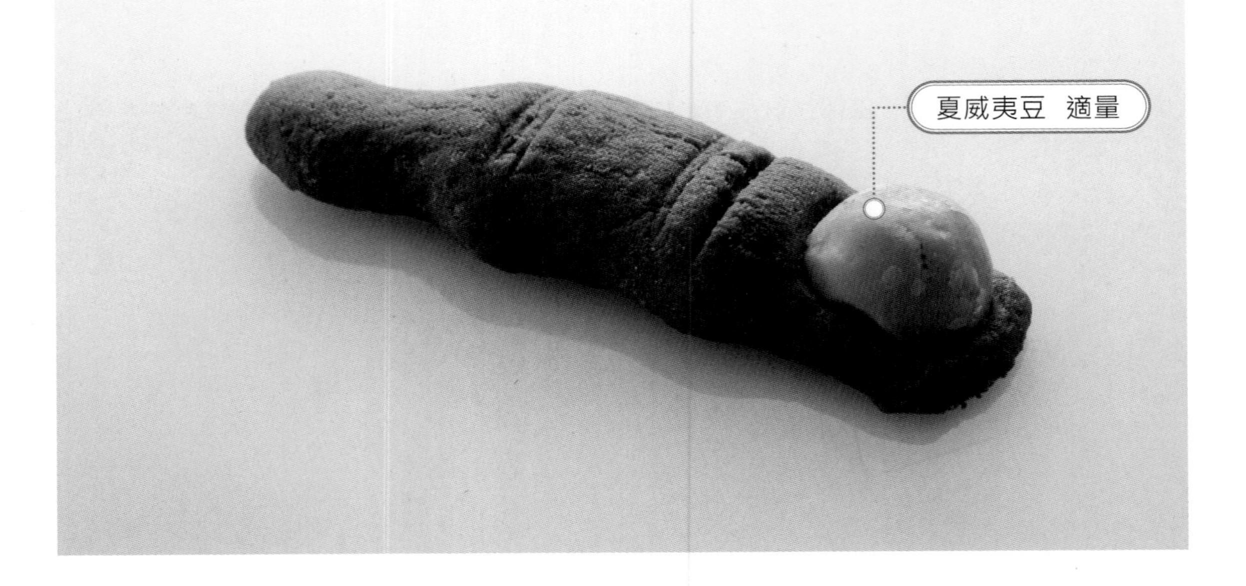

作法

01
取一顆分割完畢的麵團，搓成圓形。

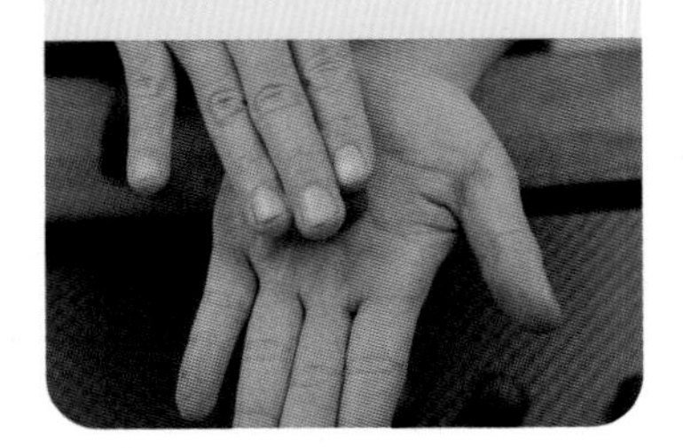

02
放於掌心中，用手指先搓出大概長度。

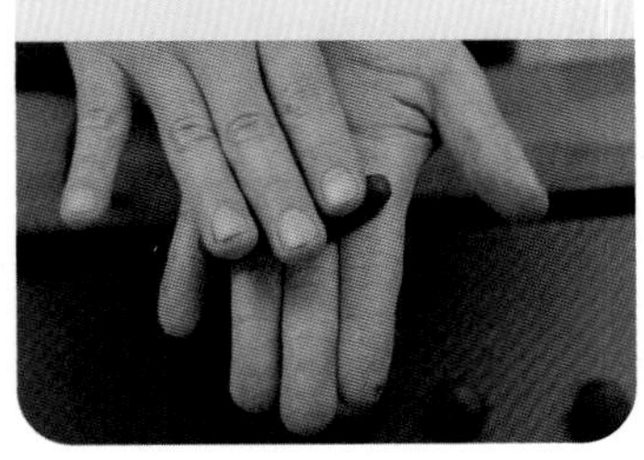

03
再用三根手指，搓出指節的模樣。

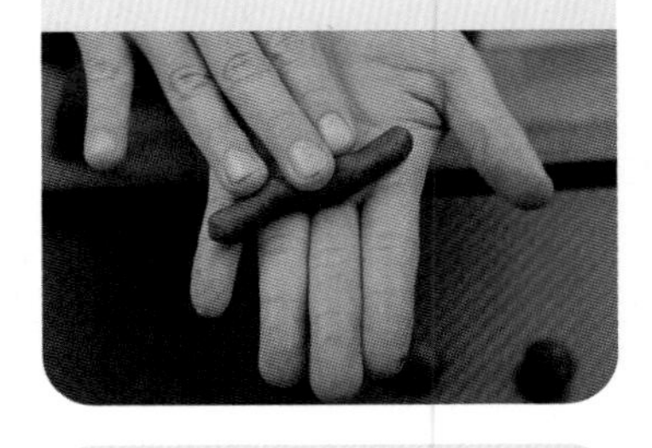

04
頂端鋪上夏威夷豆。

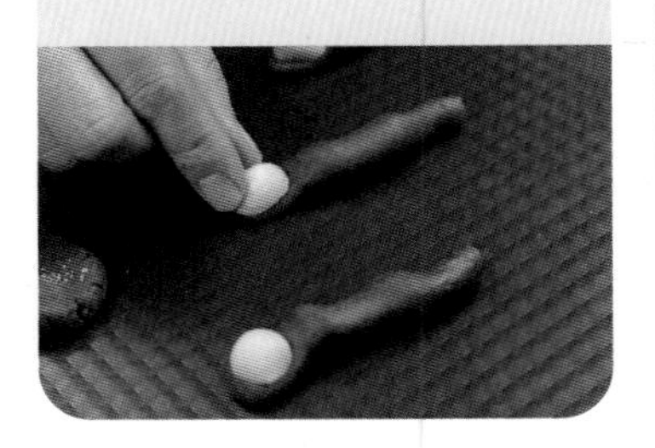

05
切麵刀切出手指紋路。

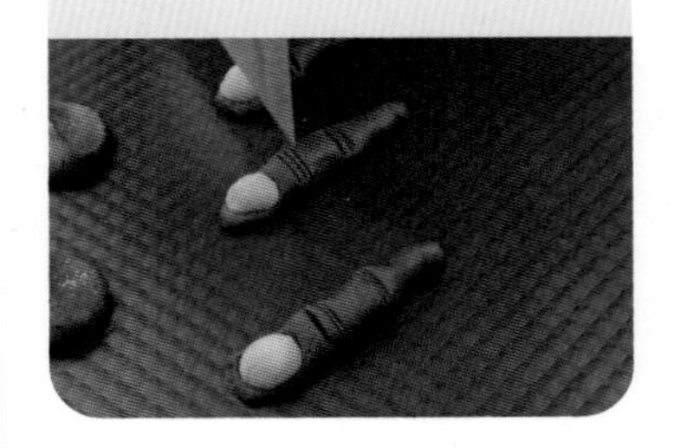

06
送入已預熱完成之烤箱，以上下火 160°C 烘烤 16~20 分鐘。

No. 12 萬聖節可可木乃伊餅乾

作法

01
取一顆分割完畢的麵團，搓成圓形。

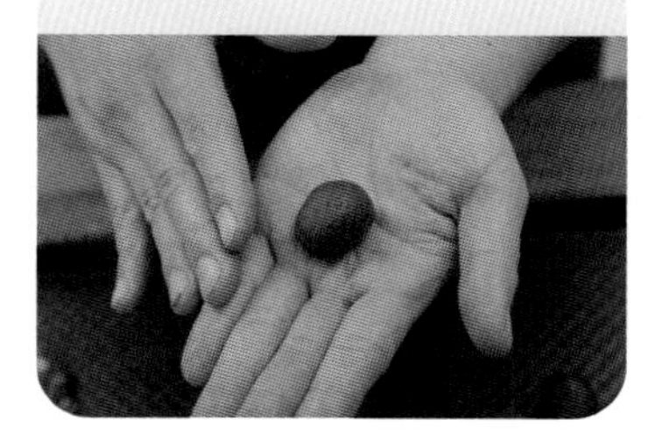

02
放於掌心中，雙手夾著。

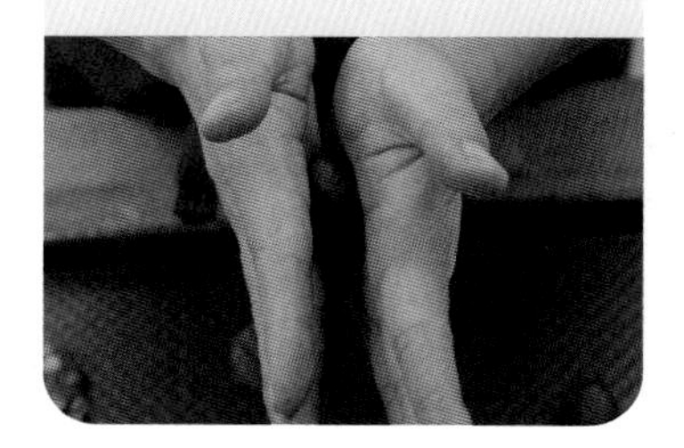

03
搓成長條狀。

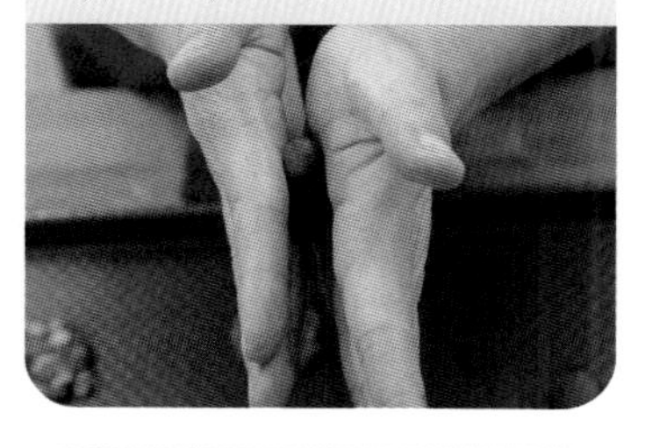

04
注意細節，前後端較中間細一些。

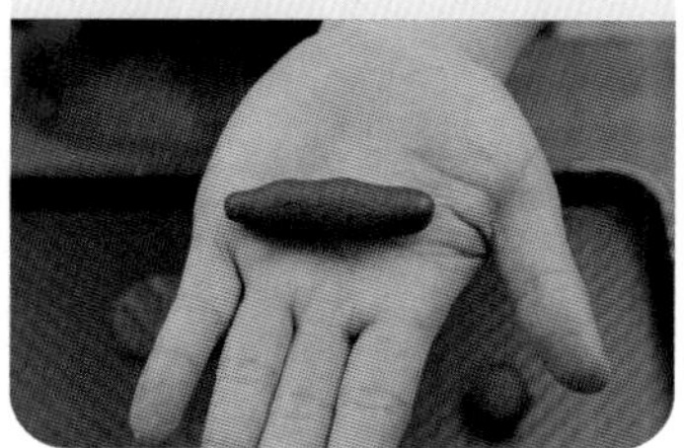

05
送入已預熱完成之烤箱，以上下火 160°C 烘烤 16~20 分鐘。

06
放涼後擠隔水加熱融化的白巧克力醬，再與造型眼睛組合。

Part 2 鐵盒餅乾系列

這個配方會因為麵粉廠牌不同，麵團的軟硬度有所不同。若拌勻之後麵團比較硬，下次製作時，可以把麵粉減少百分之二或百分之三，因為這個配方是設計要擠的，太硬會不能擠。

注意一定要使用「純糖粉」，不可使用糖粉。純糖粉就是砂糖磨成細粉，沒有加任何修飾澱粉（如玉米粉等），只有純糖粉才能保持鐵盒餅乾的酥脆感。

這系列的餅乾一定要用「純糖粉」製作，不可替換成細砂糖、二砂糖，比較粗粒的糖無法在短時間內融化。

建議換算配方時，奶油的量至少要做 100g，奶油 100g 是點心穩定度的起點。

為什麼這個系列配方都要加入玉米粉呢？因為玉米粉不會產生筋性，餅乾的口感會比較鬆，化口性會變得很好。但玉米粉可以用低筋麵粉代替，只是口感會硬一點。

在日本做這種餅乾，很多師傅調整麵粉比例，使用「米穀粉」代替，因為他們覺得米穀粉比較健康，消化性比小麥粉來的更好，在他們的認知中這種餅乾大部分是小朋友吃的，所以會希望做的健康一點。

米穀粉沒有麩質（蛋白質），全用米穀粉餅乾支撐力會不夠。這系列的配方如果想換成米穀粉，可以與配方內的玉米粉替換。

No. 13 香草奶油餅乾

規格 花嘴 SN7092
擠 50 圓硬幣大小

份量 20 個

材料 配方（公克）

無鹽奶油	100
純糖粉	30
香草莢醬	2
鹽	1
玉米粉	30
低筋麵粉	100

★香草莢醬 2g 可用新鮮香草籽 2g 替代。

作法

01
無鹽奶油放置室溫退冰，軟化至 16~20°C。

02
再放入鋼盆中，用慢速將奶油打軟，打成膏狀。

03
加入過篩純糖粉、香草莢醬、鹽，攪拌器中速混合均勻。拌至奶油稍發，奶油會微微變色、變白。

04
加入過篩玉米粉、過篩低筋麵粉，以刮刀拌勻。

05
擠花袋裝入花嘴，前端剪一刀，再以刮刀將材料刮入擠花袋中。
★如果沒有先剪一刀讓內部透氣，裝食材時袋子容易爆掉。

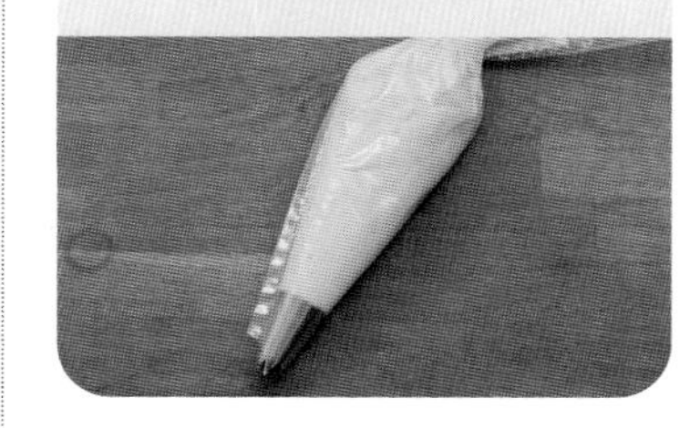

06
間距相等擠上烤盤，餅乾與餅乾間至少有一個餅乾的距離，間距相等可以幫助餅乾受熱均勻。擠約 50 元硬幣大小，成繡球花形狀。

07
送入預熱好的烤箱，以上下火 160°C 烘烤 16~20 分鐘。

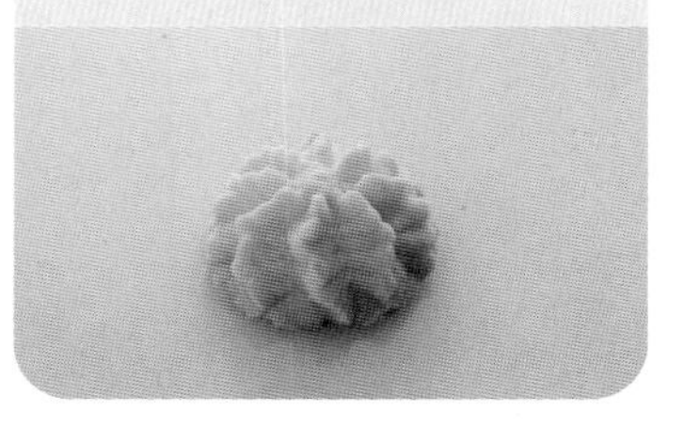

No. 14 可可奶油餅乾

規格 花嘴 SN7092
擠 50 圓硬幣大小

份量 20 個

材料 配方（公克）

無鹽奶油	100
純糖粉	30
玉米粉	20
可可粉	10
低筋麵粉	100

作法

01
無鹽奶油放置室溫退冰，軟化至 16~20°C。

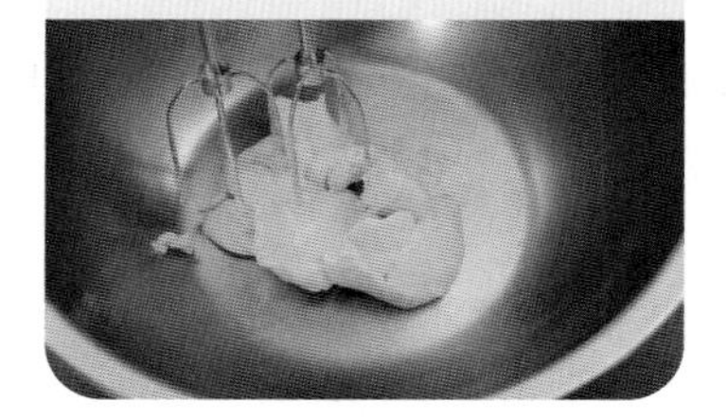

02
再放入鋼盆中，用慢速將奶油打軟，打成膏狀。

03
加入過篩純糖粉，攪拌器中速混合均勻。拌至奶油稍發，奶油會微微變色、變白。

04
加入過篩玉米粉、過篩可可粉、過篩低筋麵粉，以刮刀拌勻。

05
擠花袋裝入花嘴，前端剪一刀，再以刮刀將材料刮入擠花袋中。

★如果沒有先剪一刀讓內部透氣，裝食材時袋子容易爆掉。

06
間距相等擠上烤盤，餅乾與餅乾間至少有一個餅乾的距離，間距相等可以幫助餅乾受熱均勻。擠約 50 元硬幣大小，成繡球花形狀。

★到了冬天餅乾會變得不好擠，此時可以稍微微波一下，目的是讓奶油回軟一點，但注意不可微波太久，太久的話奶油會融化。

07
送入預熱好的烤箱，以上下火 160°C烘烤 16~20 分鐘。

No. 15 抹茶奶油餅乾

★少量的香草對於製作抹茶類的產品是很有用的。香草對抹茶來說是一個提味，可以讓抹茶的味道更重、更突出。

★抹茶粉由於廠牌不同，大部分的抹茶粉都需要過篩使用，否則容易遇到結塊狀況。

規格 花嘴 SN7092
擠 50 圓硬幣大小

份量 20 個

材料 配方（公克）

無鹽奶油	100
純糖粉	30
香草莢醬	2
玉米粉	25
抹茶粉	4
低筋麵粉	100

作法

01
無鹽奶油放置室溫退冰，軟化至 16~20°C。

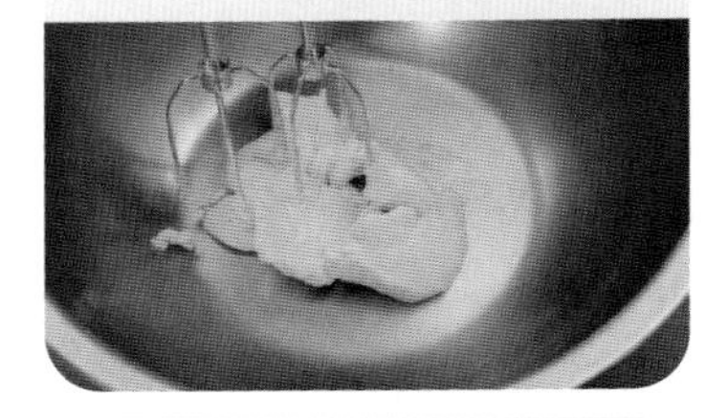

02
再放入鋼盆中，用慢速將奶油打軟，打成膏狀。

03
加入過篩純糖粉、香草莢醬，攪拌器中速混合均勻。拌至奶油稍發，奶油會微微變色、變白。

04
加入過篩玉米粉、過篩抹茶粉、過篩低筋麵粉，以刮刀拌勻。

05
擠花袋裝入花嘴，前端剪一刀，再以刮刀將材料刮入擠花袋中。

★如果沒有先剪一刀讓內部透氣，裝食材時袋子容易爆掉。

06
間距相等擠上烤盤，餅乾與餅乾間至少有一個餅乾的距離，間距相等可以幫助餅乾受熱均勻。擠約 50 元硬幣大小，成繡球花形狀。

★到了冬天餅乾會變得不好擠，此時可以稍微微波一下，目的是讓奶油回軟一點，但注意不可微波太久，太久的話奶油會融化。

07
送入預熱好的烤箱，以上下火 160°C 烘烤 16~20 分鐘。

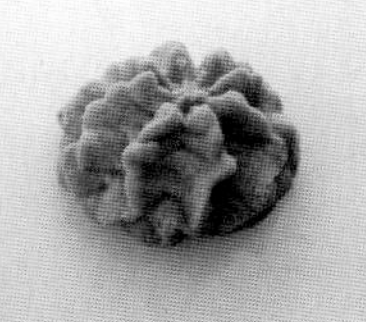

No. 16 咖啡奶油餅乾

★咖啡粉是咖啡豆由淬鍊出來的，所以要使用，建議在一開始將奶油打軟時就可以加入。

★作法 2 加入咖啡粉打軟，本書使用的咖啡粉較粗，如果是使用細緻的咖啡粉，打勻時會融化，不會有顆粒。

★咖啡粉粗細會些許的影響味道。細緻的咖啡粉味道會淡一點，粗的咖啡粉味道會比較強。這是因為在吃的時候，粗粒的吃下去，一瞬間味覺會品嚐到較多的咖啡味。

規格 花嘴 SN7092
擠 50 圓硬幣大小

份量 20 個

材料 配方（公克）

材料	配方（公克）
無鹽奶油	100
即溶黑咖啡粉	4
純糖粉	30
香草莢醬	2
玉米粉	25
低筋麵粉	100

作法

01

無鹽奶油放置室溫退冰，軟化至 16~20°C。

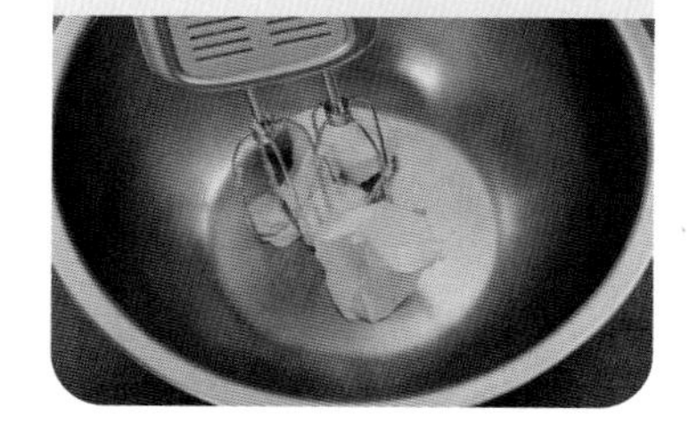

02

再放入鋼盆中，與即溶黑咖啡粉用慢速將奶油打軟，打成膏狀。

03

加入過篩純糖粉、香草莢醬，攪拌器中速混合均勻。拌至奶油稍發，奶油會微微變色、變白。

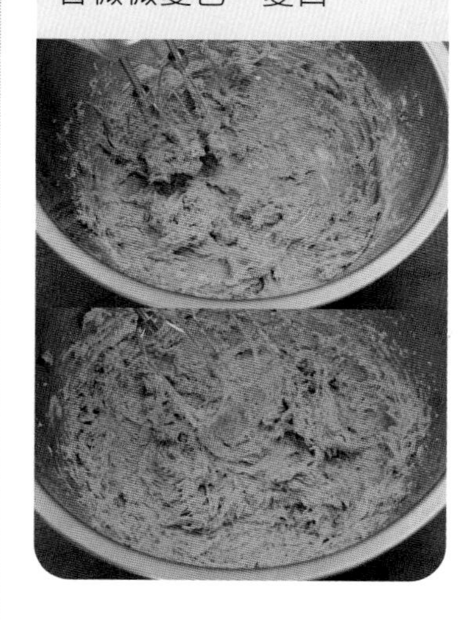

04

加入過篩玉米粉、過篩低筋麵粉，以刮刀拌勻。

05

擠花袋裝入花嘴，前端剪一刀，再以刮刀將材料刮入擠花袋中。

★如果沒有先剪一刀讓內部透氣，裝食材時袋子容易爆掉。

06

間距相等擠上烤盤，餅乾與餅乾間至少有一個餅乾的距離，間距相等可以幫助餅乾受熱均勻。擠約 50 元硬幣大小，成繡球花形狀。

★到了冬天餅乾會變得不好擠，此時可以稍微微波一下，目的是讓奶油回軟一點，但注意不可微波太久，太久的話奶油會融化。

07

送入預熱好的烤箱，以上下火 160°C烘烤 16~20 分鐘。

No. 17 紅茶奶油餅乾

★紅茶粉是茶葉磨成細緻的粉狀，比較不建議自己把茶葉打碎，一般來說無法處理到很細緻的狀態。

★推薦使用伯爵紅茶、大吉嶺紅茶，因為這兩款紅茶的香氣、味道都比較濃一點，用來做餅乾風味會比較明顯。

規格 花嘴 SN7092
擠 50 圓硬幣大小

份量 20 個

材料 配方（公克）

材料	配方（公克）
無鹽奶油	100
純糖粉	30
香草莢醬	2
玉米粉	25
紅茶粉	4
低筋麵粉	100

作法

01
無鹽奶油放置室溫退冰，軟化至 16~20°C。

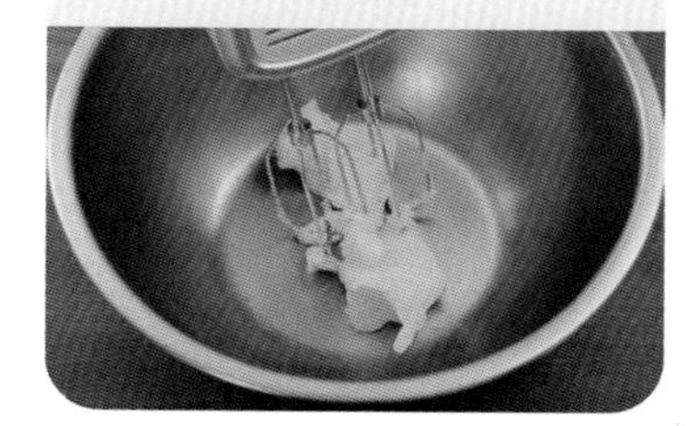

02
再放入鋼盆中，用慢速將奶油打軟，打成膏狀。

03
加入過篩純糖粉、香草莢醬，攪拌器中速混合均勻。拌至奶油稍發，奶油會微微變色、變白。

04
加入過篩玉米粉、過篩紅茶粉、過篩低筋麵粉，以刮刀拌勻。

05
擠花袋裝入花嘴，前端剪一刀，再以刮刀將材料刮入擠花袋中。
★如果沒有先剪一刀讓內部透氣，裝食材時袋子容易爆掉。

06
間距相等擠上烤盤，餅乾與餅乾間至少有一個餅乾的距離，間距相等可以幫助餅乾受熱均勻。擠約 50 元硬幣大小，成繡球花形狀。
★如果裝進去了材料質地還是很硬，可以用雙手搓揉擠花袋，讓它變得軟一點。
★到了冬天餅乾會變得不好擠，此時可以稍微微波一下，目的是讓奶油回軟一點，但注意不可微波太久，太久的話奶油會融化。

07
送入預熱好的烤箱，以上下火 160°C 烘烤 16~20 分鐘。

Part

3

杏仁瓦片系列

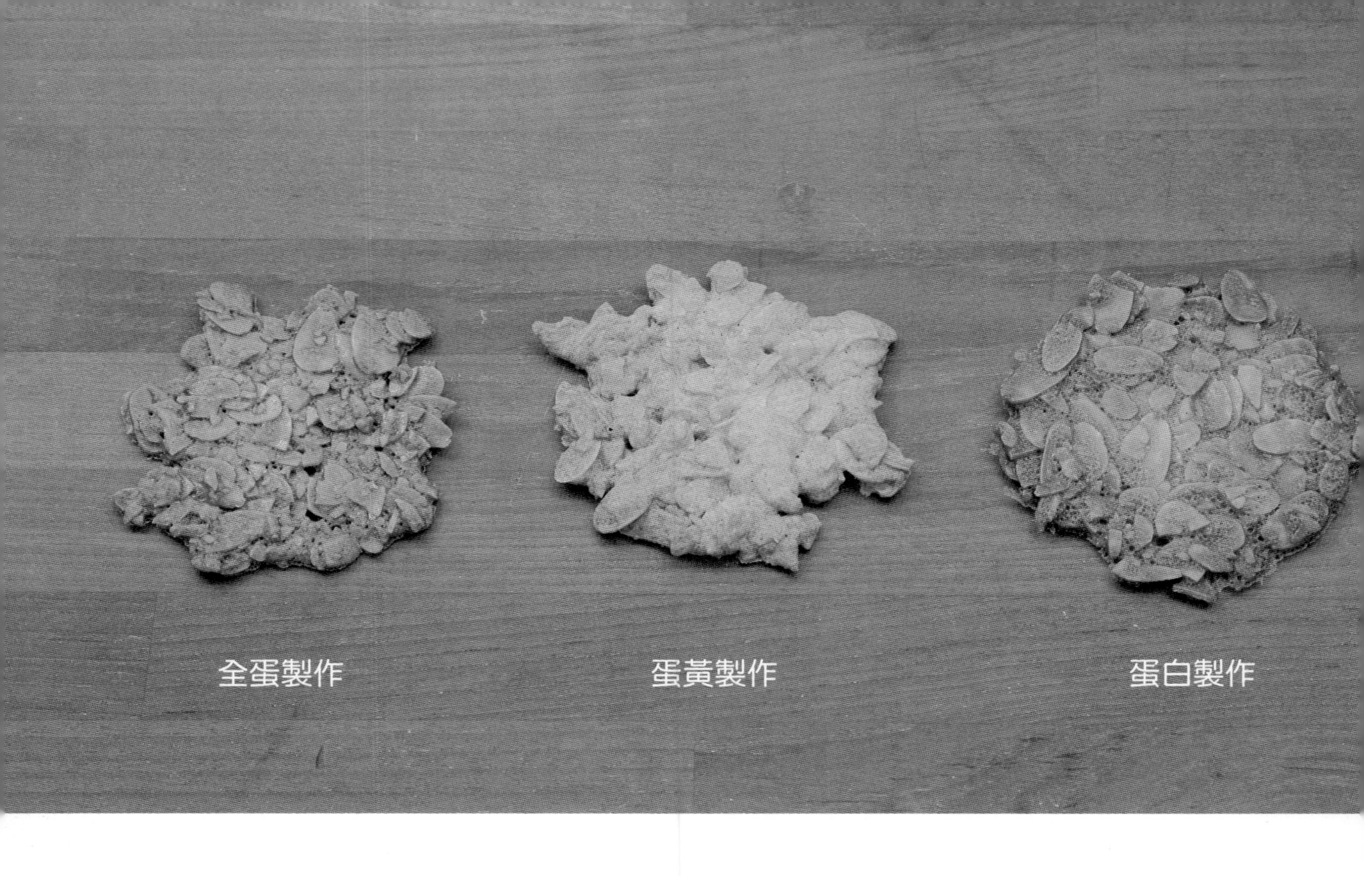

寫在瓦片開始前

全部都用低筋麵粉，瓦片口感會比較脆一點。把低筋麵粉三分之一的量替換成米穀粉，口感會軟一些。我個人吃瓦片喜歡脆的口感，因此設計全部以低筋麵粉製作。

低溫烘烤與高溫烘烤是有區別的。杏仁瓦片 170°C 會在 15 分鐘內烤好，但邊緣會黑，品質要穩定建議 150°C 烘烤 16~20 分鐘，這樣整體上色品質會好一點。

以蛋黃為基底的瓦片是杏仁瓦片中味道最濃郁的。全蛋次之。蛋白最輕盈。

風味重的如巧克力、咖啡推薦使用全蛋為材料。風味較輕的如抹茶、香草，推薦使用蛋白。

杏仁片也可以替換成南瓜籽、葵花子。增色可加入紅藜麥。

Point！瓦片比一比

No.18
法式香草杏仁瓦片

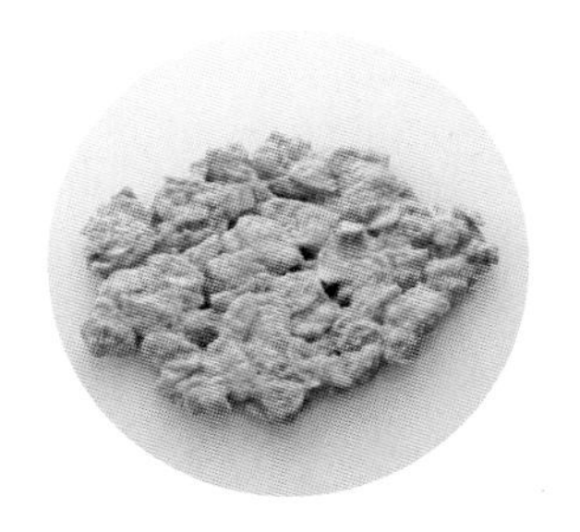

1. 蛋黃烘烤後表面光澤度偏霧面感。
2. 用蛋黃不會到很脆，酥脆度還是有，但會是三者中最弱的。
3. 味道是最濃郁的。

No.19
岩鹽香草杏仁瓦片

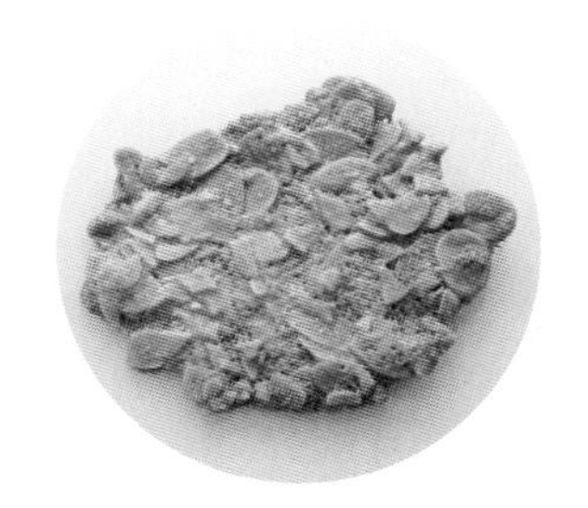

1. 蛋白烘烤後的光澤度最佳，整體色澤、光亮感最明顯。
2. 酥脆度最好。
3. 不會有蛋黃那樣濃郁的風味，建議搭配比較輕盈的材料，如香草。

No.20
咖啡杏仁瓦片

1. 全蛋的光澤感會介於蛋黃與蛋白間。
2. 是第二名的酥脆度。
3. 口感比蛋白更豐富，味道會更濃郁。

	No.18	No.19	No.20
材料	蛋黃	蛋白	全蛋
拌勻質地	較乾	較稀	介於兩者之間
表面光澤度	★	★★★	★★
酥脆度	★	★★★	★★
口感濃郁度	★★★	★	★★

No. 18 法式香草杏仁瓦片

規格 15g

份量 19 片

材料 配方（公克）

材料	配方（公克）
蛋黃	50
細砂糖	75
香草莢醬	2
低筋麵粉	25
無鹽奶油	20
杏仁片	120

作法

01
無鹽奶油預先融化備用。

★注意融化即可，太熱會在拌勻時把蛋黃燙熟。

02
乾淨鋼盆加入蛋黃、細砂糖、香草莢醬，以打蛋器快速拌勻。

★拌均勻即可，無須打發。

03
加入融化的奶油攪拌均勻。

★此步驟很重要，沒拌勻就加低粉，麵粉會出筋。

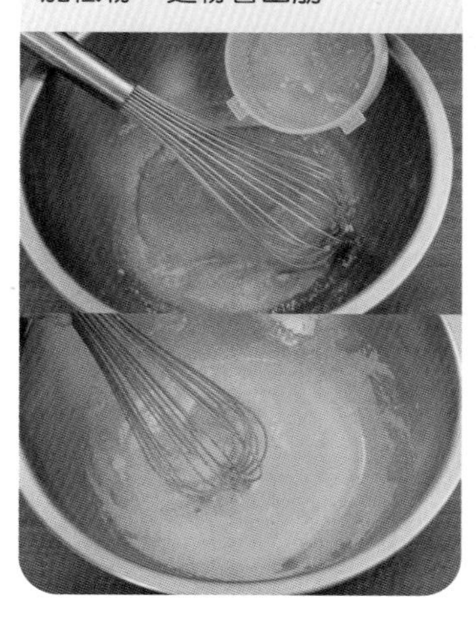

04
加入過篩低粉快速拌勻，拌至麵粉與材料融合、有濃稠度，將打蛋器拿起麵糊約 2~3 秒會融合。

05
加入杏仁片，改用長刮刀拌勻，避免打蛋器把杏仁片弄碎。

06
用保鮮膜貼著材料封起，常溫放一個小時。

★這次的瓦片都不用冰，常溫可以加快瓦片吸收麵糊風味的速度。

07
烤盤鋪矽膠墊，將保鮮膜取下。手沾適量清水，分割 15g 瓦片麵糊。

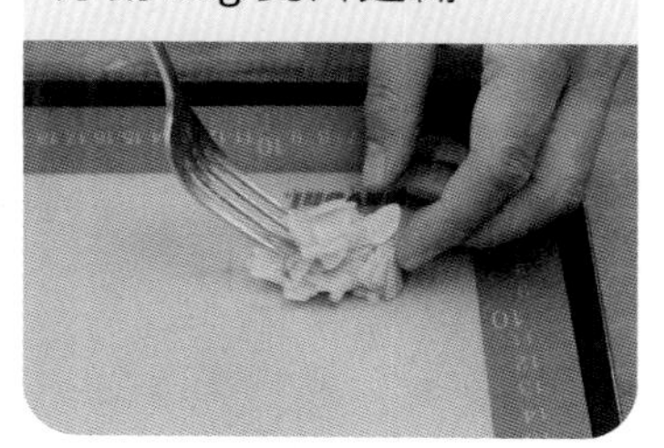

08
叉子沾水，輕輕將麵糊壓散。

★有沾水才不會黏。

09
送入預熱好的烤箱，以上下火 150°C 烘烤 16~20 分鐘，烘烤至上色均勻。

No. 19 岩鹽香草杏仁瓦片

規格 15g

份量 19 片

材料

	配方（公克）
蛋白	50
細砂糖	75
香草莢醬	2
岩鹽	2
無鹽奶油	20
低筋麵粉	25
杏仁片	120

作法

01

無鹽奶油預先融化備用。

★注意融化即可，太熱會在拌勻時把蛋白燙熟。

02

乾淨鋼盆加入蛋白、細砂糖、香草莢醬、岩鹽，以打蛋器快速拌勻。

★拌均勻即可，無須打發。

03

加入融化的奶油攪拌均勻。

★此步驟很重要，沒拌勻就加低粉，麵粉會出筋。

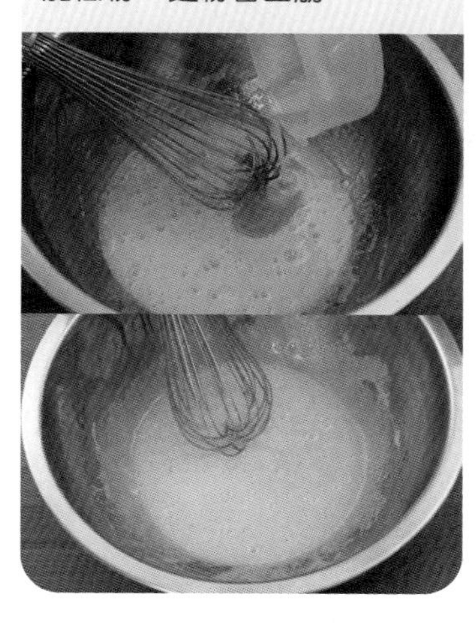

04

加入過篩低筋麵粉快速拌勻，拌至麵粉與材料融合，將打蛋器拿起，麵糊約 1 秒會融合。

05

加入杏仁片，改用長刮刀拌勻，避免打蛋器把杏仁片弄碎。

06

用保鮮膜貼著材料封起，常溫放一個小時。

★這次的瓦片都不用冰，常溫可以加快瓦片吸收麵糊風味的速度。

07

烤盤鋪矽膠墊，將保鮮膜取下。手沾水，分割 15g 瓦片麵糊。

08

叉子沾水，輕輕將麵糊壓散。

★有沾水才不會黏。

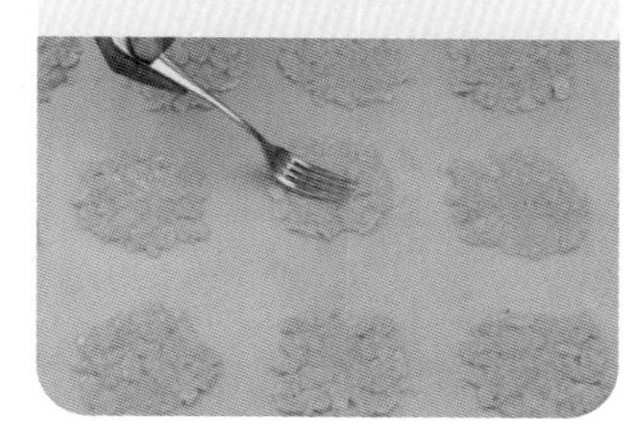

09

送入預熱好的烤箱，以上下火 150°C 烘烤 16~20 分鐘，烘烤至上色均勻。

No. 20 咖啡杏仁瓦片

規格 15g

份量 19 片

材料 配方（公克）

材料	配方（公克）
全蛋	50
細砂糖	75
即溶黑咖啡粉	4
無鹽奶油	20
低筋麵粉	25
杏仁片	120

作法

01

無鹽奶油預先融化備用。

★注意融化即可，太熱會在拌勻時把全蛋燙熟。

02

乾淨鋼盆加入全蛋、細砂糖、即溶黑咖啡粉，以打蛋器快速拌勻。

★拌均勻即可，無須打發。

03

加入融化的奶油攪拌均勻。

★此步驟很重要，沒拌勻就加低粉，麵粉會出筋。

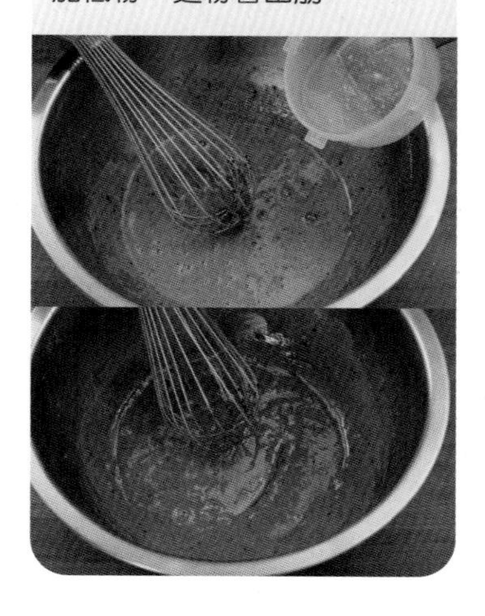

04

加入過篩低筋麵粉快速拌勻，拌至麵粉與材料融合，將打蛋器拿起麵糊約1秒會融合。

05

加入杏仁片，改用長刮刀拌勻，避免打蛋器把杏仁片弄碎。

06

用保鮮膜貼著材料封起，常溫放一個小時。

★這次的瓦片都不用冰，常溫可以加快瓦片吸收麵糊風味的速度。

07

烤盤鋪矽膠墊，將保鮮膜取下。手沾水，分割15g瓦片麵糊。

08

叉子沾水，輕輕將麵糊壓散。

★有沾水才不會黏。

09

送入預熱好的烤箱，以上下火150°C烘烤16~20分鐘，烘烤至上色均勻。

Part

4

馬林糖系列

馬林糖

為什麼這樣設計配方呢？以往的馬林糖都是蛋白配細砂糖，但這樣做速度比較慢，我把糖改成一半細砂糖，一半純糖粉，這樣打出來的馬林糖比較光亮，速度也會比較快。

馬林糖基礎製作

份量 兩盤

材料 配方（公克）

蛋白	100
細砂糖	100
純糖粉	100

★製作馬林糖要確定容器無油，有一點點都會使蛋白無法打發。

★ 100g 馬林糖糊配 2g 抹茶粉。本配方搭配 6g 抹茶粉拌勻。

作法

01

攪拌缸加入蛋白，快速打 15~20 秒，打至起泡。

★蛋白要有起泡，後續再把糖慢慢加進去，打發才會順利。

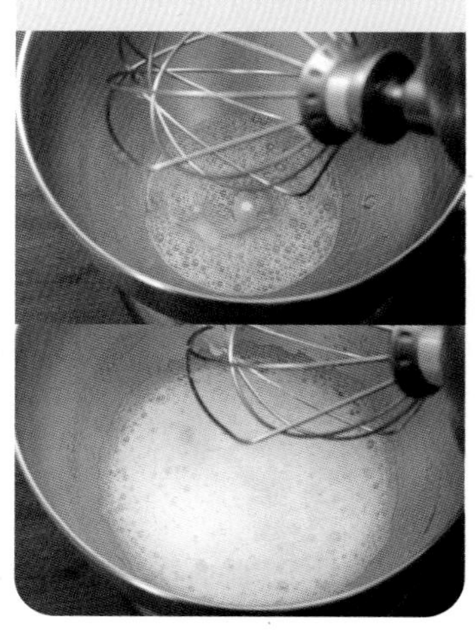

02

分 3 次加細砂糖，每次加糖都至少以快速打 1 分鐘。

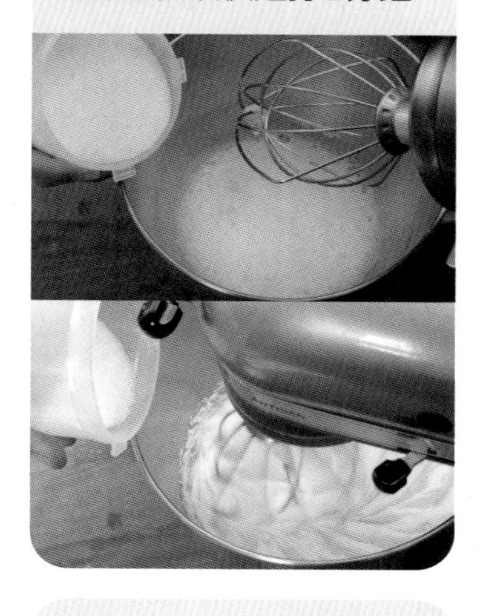

03

打到蛋白有立起的狀態，才可以加純糖粉。

04

分 3 次加入過篩純糖粉，每次加糖都至少以快速打 1 分鐘。

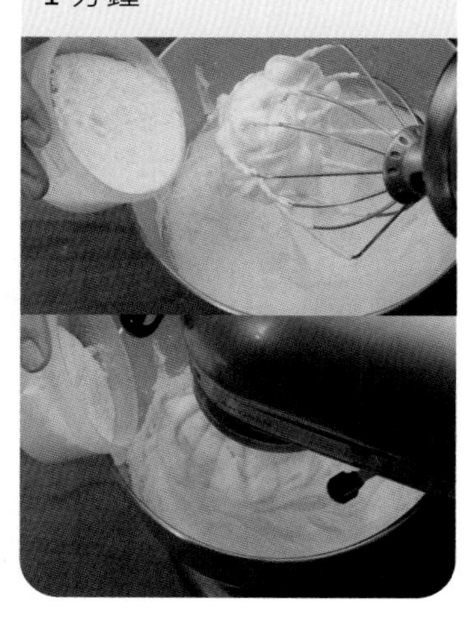

05

糖粉全部下完後，再用中速打 1 分鐘，讓質地更細緻。

06

確定細砂糖、純糖粉有確實溶解，馬林糖有光澤感、硬挺感。

★其實也可以再打硬一點，不過太硬表面會比較粗糙，沒有光澤。

07

裝入擠花袋，烤盤墊矽膠墊（參考下頁擠花、烘烤），擠適當大小。

▲ 烘烤 TIPS

烘烤後，如果馬林糖切開呈現這個模樣，表示烘烤不夠，水分沒有完全蒸發。

原味馬林糖
擠花→烘烤

No. 21 原味圓形

三能 SN7066（圓口花嘴）

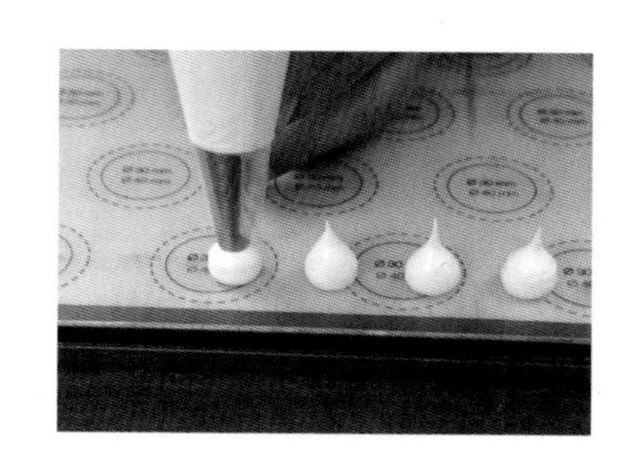

01

間距相等，垂直擠上麵糊，送入預熱好的烤箱。

02

以上下火 90°C 烘烤 120 分鐘，烤至水分烘乾。

No. 22 原味圓造型

三能 SN7066（圓口花嘴）

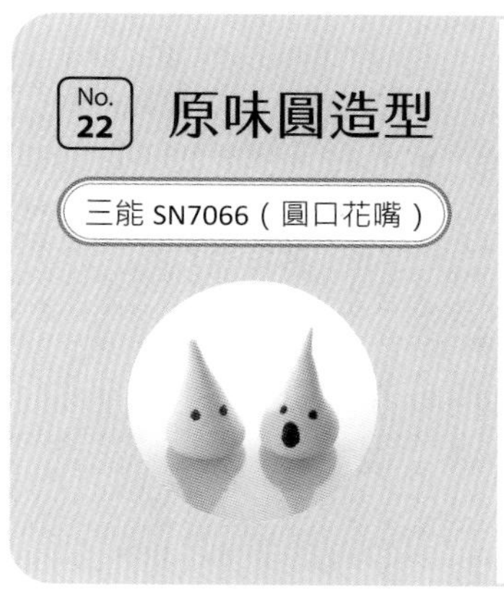

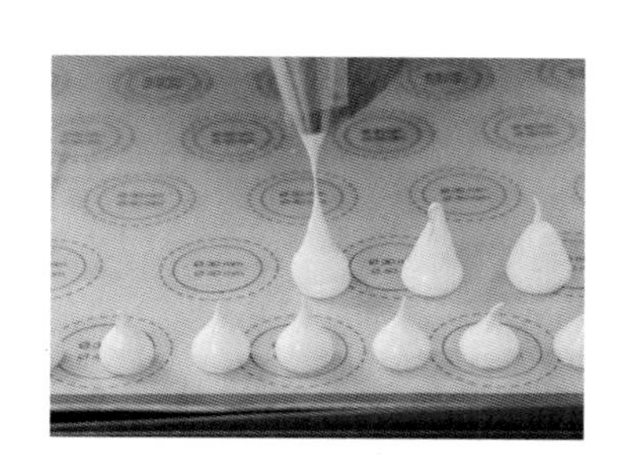

01

間距相等，垂直拉高的擠上麵糊，送入預熱好的烤箱。

02

以上下火 90°C 烘烤 120 分鐘，烤至水分烘乾。出爐放涼，用隔水加熱融化的巧克力醬裝飾。

No. 23 原味花形

三能 SN7142（18 齒擠花嘴）

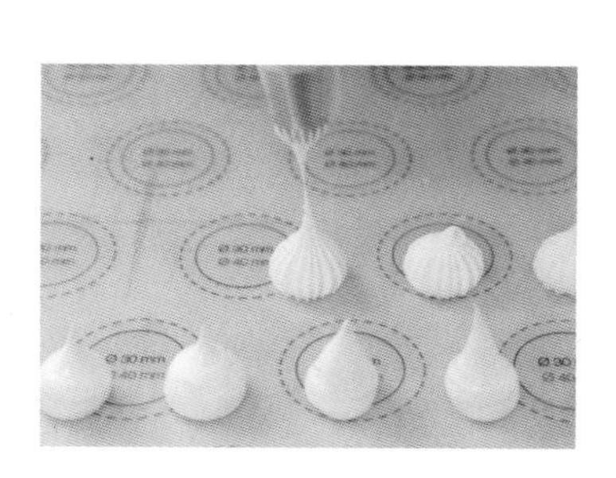

01

間距相等，垂直擠上麵糊，送入預熱好的烤箱。

02

以上下火 90°C 烘烤 120 分鐘，烤至水分烘乾。

No. 24 原味貝殼

三能 SN7142（18 齒擠花嘴）

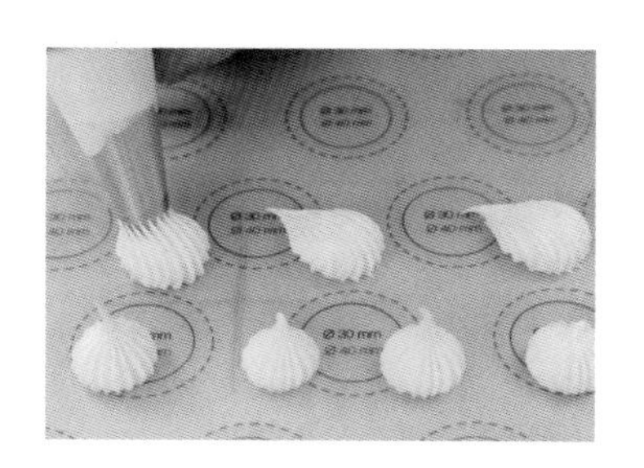

01

起點垂直擠上麵糊，收尾朝側面拖曳，送入預熱好的烤箱。

02

以上下火 90°C 烘烤 120 分鐘，烤至水分烘乾。

抹茶馬林糖
擠花→烘烤

No. 25 抹茶圓形

三能 SN7066（圓口花嘴）

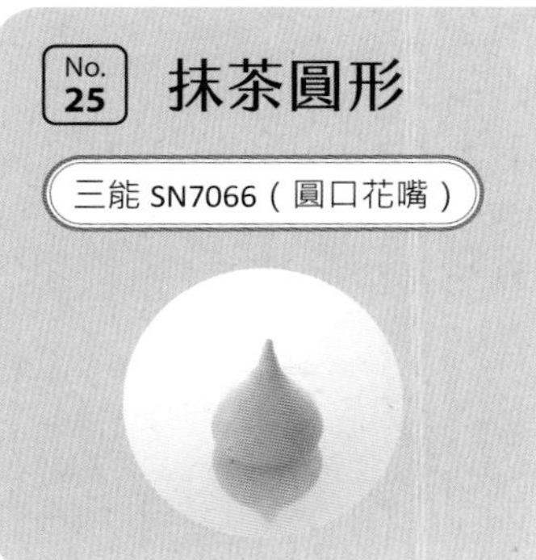

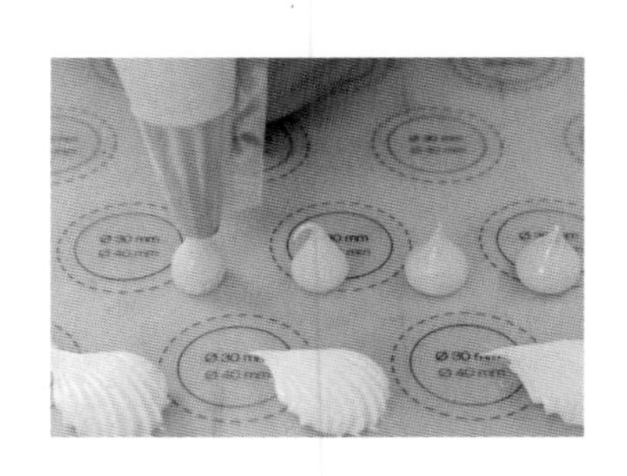

01

間距相等，垂直擠上麵糊，送入預熱好的烤箱。

02

以上下火 90°C 烘烤 120 分鐘，烤至水分烘乾。

No. 26 抹茶圓造型

三能 SN7066（圓口花嘴）

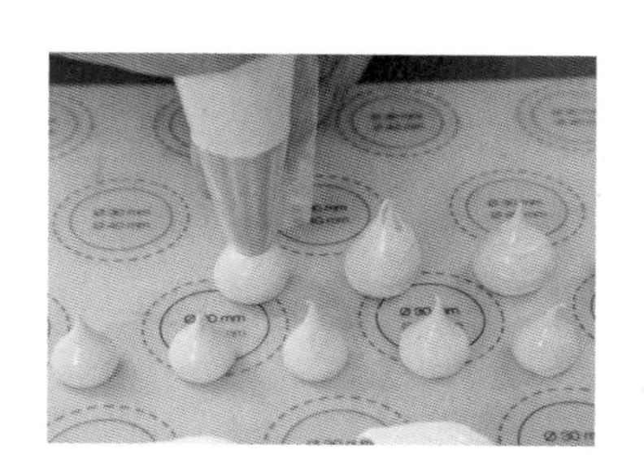

01
間距相等，垂直擠上麵糊，送入預熱好的烤箱。

02
以上下火 90°C 烘烤 120 分鐘，烤至水分烘乾。出爐放涼，用隔水加熱融化的巧克力醬黏上造型眼睛。

No. 27 抹茶花形

三能 SN7142（18 齒擠花嘴）

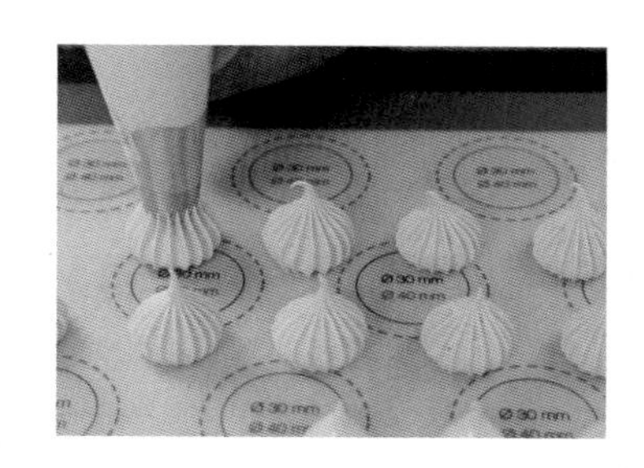

01
間距相等，垂直拉高的擠上麵糊，送入預熱好的烤箱。

02
以上下火 90°C 烘烤 120 分鐘，烤至水分烘乾。

No. 28 抹茶貝殼

三能 SN7142（18 齒擠花嘴）

01
起點垂直擠上麵糊，收尾朝側面拖曳，送入預熱好的烤箱。

02
以上下火 90°C 烘烤 120 分鐘，烤至水分烘乾。

No. 29 造型長條

三能 SN7066（圓口花嘴）

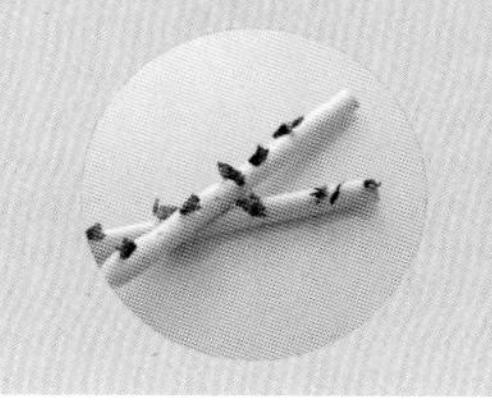

01
間距相等，橫向擠上麵糊，放乾燥玫瑰花瓣，送入預熱好的烤箱。

02
以上下火 90°C 烘烤 120 分鐘，烤至水分烘乾。

Part
5

美式軟餅乾系列

No. 30 原味美式巧克力軟餅乾

二砂糖風味比較濃郁，吃起來也比較酥脆。如果沒有二砂糖，可以用細砂糖替代製作，只是口感、酥脆性會有差。這系列建議使用 60~70% 的苦甜巧克力，喜歡苦一點可以選 70%，不建議使用再低的 % 數，50% 的半苦甜巧克力做起來甜度會很高。

規格 30g

份量 14 個

材料	配方（公克）
無鹽奶油	100
二砂糖	110
鹽	3
全蛋液	35
低筋麵粉	120
泡打粉	3
苦甜巧克力	60

作法

01

鋼盆放入無鹽奶油，退冰軟化至 16 ~20°C。

02

手持型攪拌機用慢速將奶油打軟，打成膏狀。

03

加入二砂糖、鹽。

04

手持型攪拌機中速攪打，讓材料均勻分布於奶油內即可。

05

一次性加入所有全蛋液。

★因為量少，可以一次加，若增量便需要分次加入，每次都需攪打至蛋液被吸收，才可再加。

06

手持型攪拌機中速拌至看不到液體、乳化均勻。

07

加入過篩低筋麵粉、過篩泡打粉。

08

以刮刀拌至 8~9 分均勻，還看的見白粉，但大部分材料已均勻之狀態。

09

加入苦甜巧克力。

10

刮刀貼著鋼盆邊緣，以畫圓方式朝中心鏟入，再於中心處翻面，反覆此動作翻拌成團。

11

放入袋子中壓扁，厚度大約 1.5 公分，冷藏 1 小時，讓麵團具備一點硬度，稍後比較好整形。

12

取出麵團，將麵團隨意地捏碎，快速捏約 5~10 秒，讓材料硬度大致相同即可。注意不要捏太久，捏太久手的溫度會讓麵團升溫。

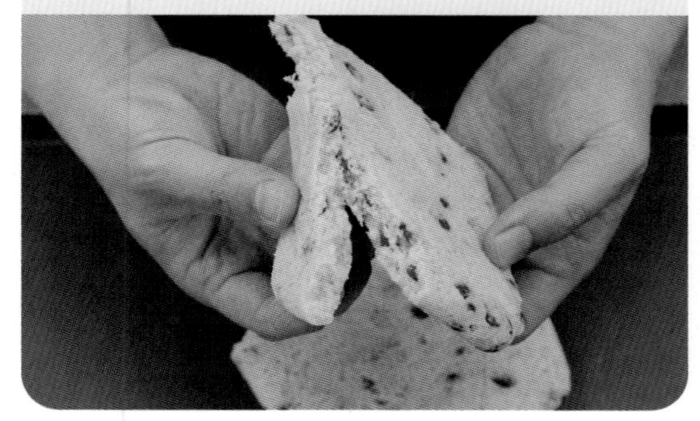

13

捉取一點放上電子秤，分割 30g。

14

雙手搓圓。

★此處不需抹手粉（高筋麵粉）防止沾黏。

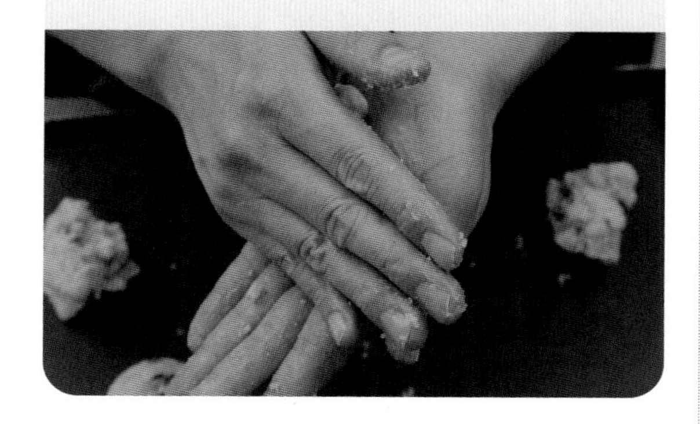

15

麵團會被手升溫，操作時感覺黏黏是正常的。此處整形需確實、迅速，做得愈慢，到後面會愈不好操作。

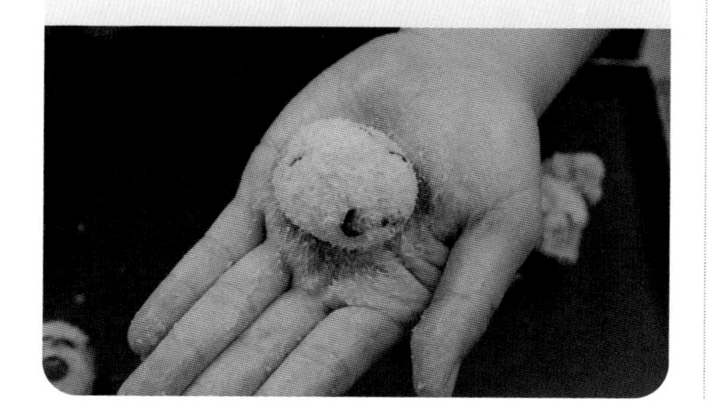

16

間距相等擺入不沾烤盤。

17

送入預熱好的烤箱，以上下火 160°C 烘烤 13~15 分鐘。

★出爐可以等到微涼後，再小心鏟起。

No. 31 變化！夏威夷豆美式巧克力軟餅乾

二砂糖風味比較濃郁，吃起來也比較酥脆。如果沒有二砂糖，可以用細砂糖替代製作，只是口感、酥脆性會有差。這系列建議使用 60~70% 的苦甜巧克力，喜歡苦一點可以選 70%，不建議使用再低的 % 數，50% 的半苦甜巧克力做起來甜度會很高。

規格 50g

份量 8~9 個

材料 配方（公克）

材料	配方（公克）
無鹽奶油	100
二砂糖	110
鹽	3
全蛋液	35
低筋麵粉	120
泡打粉	3
苦甜巧克力	60
夏威夷豆	45 顆

作法

01
鋼盆放入無鹽奶油，退冰軟化至 16 ~ 20°C。

02
手持型攪拌機用慢速將奶油打軟，打成膏狀。

03
加入二砂糖、鹽。

04
手持型攪拌機中速攪打，讓材料均勻分布於奶油內即可。

05
一次性加入所有全蛋液。
★因為量少，可以一次加，若增量便需要分次加入，每次都需攪打至蛋液被吸收，才可再加。

06
手持型攪拌機中速拌至看不到液體、乳化均勻。

07

加入過篩低筋麵粉、過篩泡打粉。

08

以刮刀拌至 8~9 分均勻，還看的見白粉，但大部分材料已均勻之狀態。

09

加入苦甜巧克力。

10

刮刀貼著鋼盆邊緣，以畫圓方式朝中心鏟入，再於中心處翻面，反覆此動作翻拌成團。

11

放入袋子中壓扁，厚度大約 1.5 公分，冷藏 1 小時，讓麵團具備一點硬度，稍後比較好整形。

12

取出麵團，將麵團隨意地捏碎，快速捏約 5~10 秒，讓材料硬度大致相同即可。注意不要捏太久，捏太久手的溫度會讓麵團升溫。

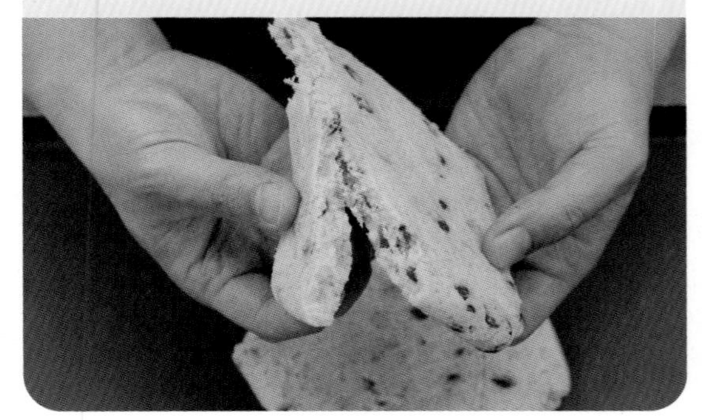

13

捉取一點放上電子秤，分割 50g。

14

雙手搓圓。

★此處不需抹手粉（高筋麵粉）防止沾黏。

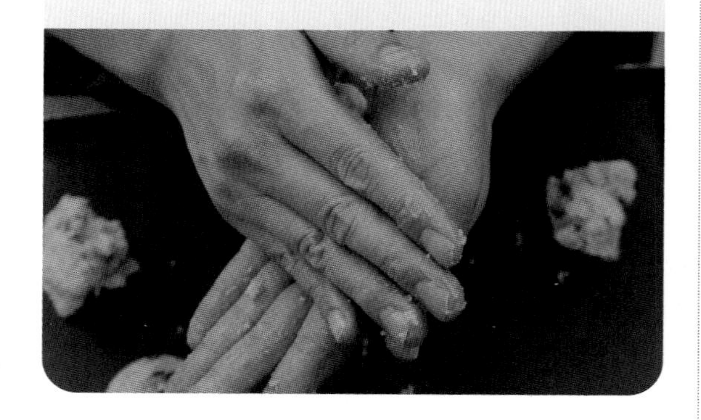

15

麵團會被手升溫，操作時感覺黏黏是正常的。此處整形需確實、迅速，做得愈慢，到後面會愈不好操作。

16

間距相等擺入不沾烤盤，表面裝飾 5 顆夏威夷豆。

17

餅乾製作會有耗損，製作時少 1~2 顆是正常的，夏威夷豆可以放 5~6 顆，隨意即可。

18

送入預熱好的烤箱，以上下火 160°C 烘烤 15~18 分鐘。

★出爐可以等到微涼後，再小心鏟起。

No. 32 布朗尼核桃巧克力軟餅乾

二砂糖風味較濃郁，吃起來也比較酥脆。如果沒有二砂糖，可以用細砂糖替代製作，只是口感、酥脆性會有差。這系列建議使用 60~70% 的苦甜巧克力，喜歡苦一點可以選 70%，不建議使用再低的 % 數，50% 的半苦甜巧克力做起來甜度會很高。泡打粉與小蘇打粉都可以使用，差別只在於小蘇打粉上色會比較深。

規格 30g

份量 15~16 個

材料

	配方（公克）
無鹽奶油	100
二砂糖	110
鹽	3
全蛋液	35
低筋麵粉	100
可可粉	20
泡打粉	3
苦甜巧克力	60
碎核桃	50

作法

01

鋼盆放入無鹽奶油，退冰軟化至16~20°C。

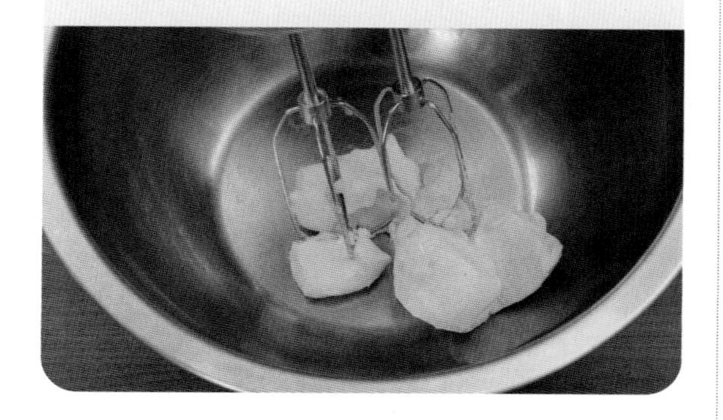

02

手持型攪拌機用慢速將奶油打軟，打成膏狀。

03

加入二砂糖、鹽。

04

手持型攪拌機中速攪打，讓材料均勻分布於奶油內即可。

05

一次性加入所有全蛋液。

★因量少，可以一次加，如果增量便需要分次加入，每次都需攪打至蛋液被吸收，才可再加。

06

手持型攪拌機中速拌至看不到液體、乳化均勻。

07

加入過篩低筋麵粉、過篩可可粉、過篩泡打粉。

08

以刮刀拌至 8~9 分均勻，還看的見粉類，但大部分材料已均勻之狀態。

09

加入苦甜巧克力、碎核桃。

10

刮刀貼著鋼盆邊緣，以畫圓方式朝中心鏟入，再於中心處翻面，反覆此動作翻拌成團。

11

放入袋子中壓扁，厚度大約 1.5 公分，冷藏 1 小時，讓麵團具備一點硬度，稍後比較好整形。

12

取出麵團，將麵團隨意地捏碎，快速捏約 5~10 秒，讓材料硬度大致相同即可。注意不要捏太久，捏太久手的溫度會讓麵團升溫。

13

捉取一點放上電子秤，分割 30g。

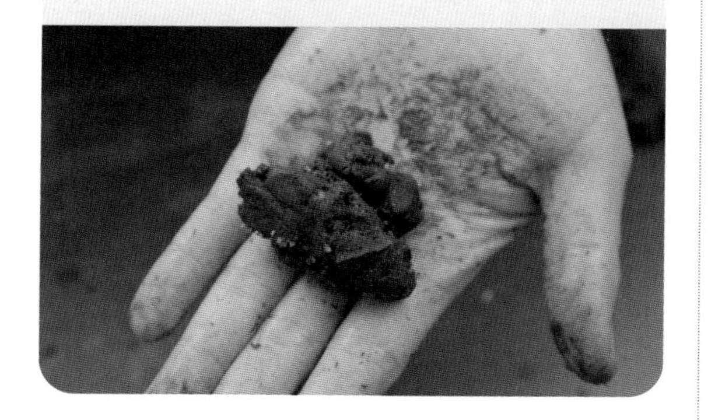

14

雙手搓圓。

★此處不需抹手粉防止沾黏。

★手粉即是抹高筋麵粉。

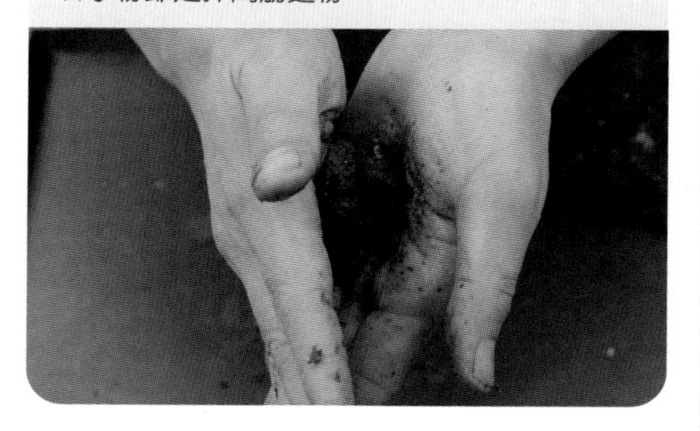

15

麵團會被手升溫，操作時感覺黏黏是正常的。此處整形需確實、迅速，做得愈慢，到後面會愈不好操作。

16

間距相等擺入不沾烤盤。

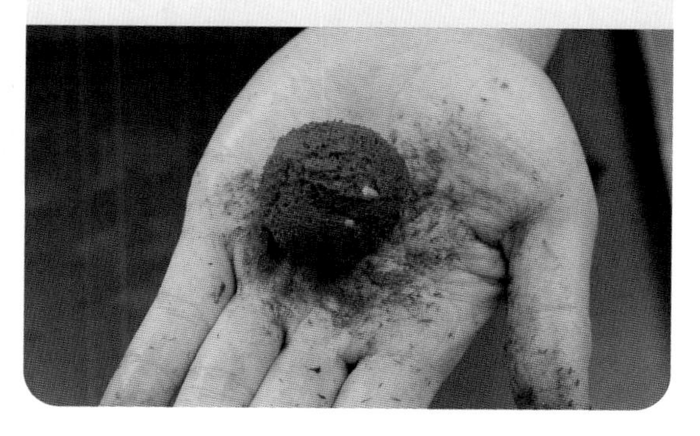

17

餅乾製作會有耗損，製作時少 1~2 顆是正常的。

18

送入預熱好的烤箱，以上下火 160°C 烘烤 13~15 分鐘。

★出爐可以等到微涼後，再小心鏟起。

No. 33 變化！棉花糖布朗尼核桃巧克力軟餅乾

二砂糖風味比較濃郁，吃起來也比較酥脆。如果沒有二砂糖，可以用細砂糖替代製作，只是口感、酥脆性會有差。這系列建議使用 60~70% 的苦甜巧克力，喜歡苦一點可以選 70%，不建議使用再低的 % 數，50% 的半苦甜巧克力做起來甜度會很高。泡打粉與小蘇打粉都可以使用，差別只在於小蘇打粉上色會比較深。

規格 50g

份量 9~10 個

材料	配方（公克）
無鹽奶油	100
二砂糖	110
鹽	3
全蛋液	35
低筋麵粉	100
可可粉	20
泡打粉	3
苦甜巧克力	60
碎核桃	50
棉花糖	適量

作法

01

鋼盆放入無鹽奶油，退冰軟化至16~20°C。

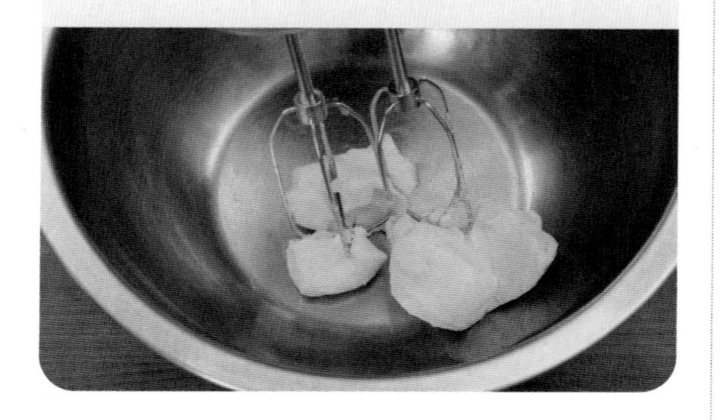

02

手持型攪拌機用慢速將奶油打軟，打成膏狀。

03

加入二砂糖、鹽。

04

手持型攪拌機中速攪打，讓材料均勻分布於奶油內即可。

05

一次性加入所有全蛋液。

★因量少，可以一次加，如果增量便需要分次加入，每次都需攪打至蛋液被吸收，才可再加。

06

手持型攪拌機中速拌至看不到液體、乳化均勻。

07

加入過篩低筋麵粉、過篩可可粉、過篩泡打粉。

08

以刮刀拌至 8~9 分均勻，還看的見粉類，但大部分材料已均勻之狀態。

09

加入苦甜巧克力、碎核桃。

10

刮刀貼著鋼盆邊緣，以畫圓方式朝中心鏟入，再於中心處翻面，反覆此動作翻拌成團。

11

放入袋子中壓扁，厚度大約 1.5 公分，冷藏 1 小時，讓麵團具備一點硬度，稍後比較好整形。

12

取出麵團，將麵團隨意地捏碎，快速捏約 5~10 秒，讓材料硬度大致相同即可。注意不要捏太久，捏太久手的溫度會讓麵團升溫。

13

捏取一點放上電子秤，分割 50g，雙手搓圓。

★此處不需抹手粉防止沾黏。

★手粉即是抹高筋麵粉。

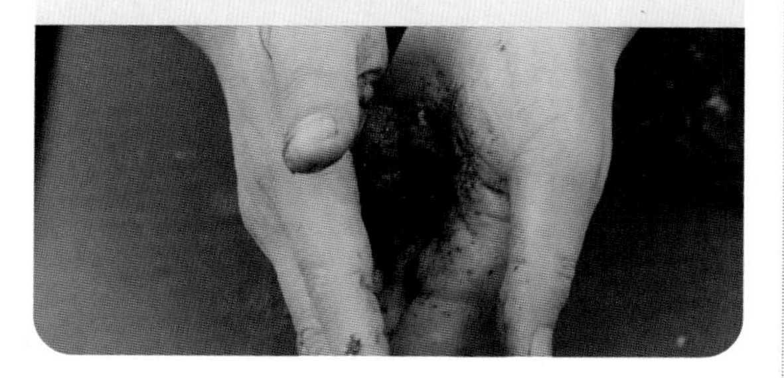

14

麵團會被手升溫，操作時感覺黏黏是正常的。此處整形需確實、迅速，做得愈慢，到後面會愈不好操作。

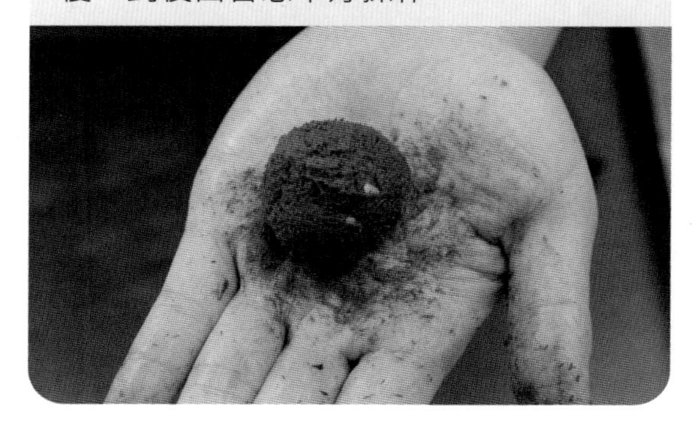

15

間距相等擺入不沾烤盤。餅乾製作會有耗損，製作時少 1~2 顆是正常的。

16

確定好位置後，取一顆麵團，壓入棉花糖中。

17

間距相等擺入不沾烤盤，這次真的要烤了。

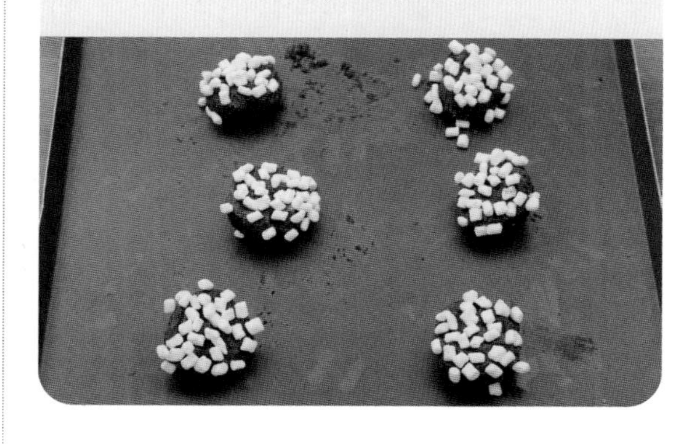

18

送入預熱好的烤箱，以上下火 160°C 烘烤 15~18 分鐘。

★出爐可以等到微涼後，再小心鏟起。

No. 34

原味美式玉米片蔓越莓軟餅乾

這個配方比較甜一些，加無糖玉米片的目的，除了可以多一個麥香外，也會多一個脆的口感，而因為裝飾也使用無糖玉米片，會在本身降低甜度的基礎上，再降低一些甜度。

規格 30g

份量 14~15 個

材料

	配方（公克）
無鹽奶油	100
二砂糖	110
鹽	3
全蛋液	35
低筋麵粉	120
泡打粉	3
無糖玉米片	40
蔓越莓乾	40

作法

01

鋼盆放入無鹽奶油，退冰軟化至16~20°C。

02

手持型攪拌機用慢速將奶油打軟，打成膏狀。

03

加入二砂糖、鹽。

04

手持型攪拌機中速攪打，讓材料均勻分布於奶油內即可。

05

一次性加入所有全蛋液。

★因量少，可以一次加，如果增量便需要分次加入，每次都需攪打至蛋液被吸收，才可再加。

06

手持型攪拌機中速拌至看不到液體、乳化均勻。

07

加入過篩低筋麵粉、過篩泡打粉。

08

以刮刀拌至8~9分均勻，還看的見粉類，但大部分材料已均勻之狀態。

09

加入無糖玉米片、蔓越莓乾。

★配方內的無糖玉米片請全部加入。作法16裝飾處使用的無糖玉米片要另外秤。

10

刮刀貼著鋼盆邊緣，以畫圓方式朝中心鏟入，再於中心處翻面，反覆此動作翻拌成團。

11

放入袋子中壓扁，厚度大約2~2.5公分，冷藏1小時，稍後比較好整形。

★這款厚度要比其他軟餅乾厚一些，如果一樣壓到1.5公分，無糖玉米片會碎掉很多。

12

取出麵團，將麵團隨意地捏碎，快速捏約5~10秒，讓材料硬度大致相同即可。注意不要捏太久，捏太久手的溫度會讓麵團升溫。

13

捏取一點放上電子秤，分割 30g。

★此處不需抹手粉防止沾黏。
★手粉即是抹高筋麵粉。

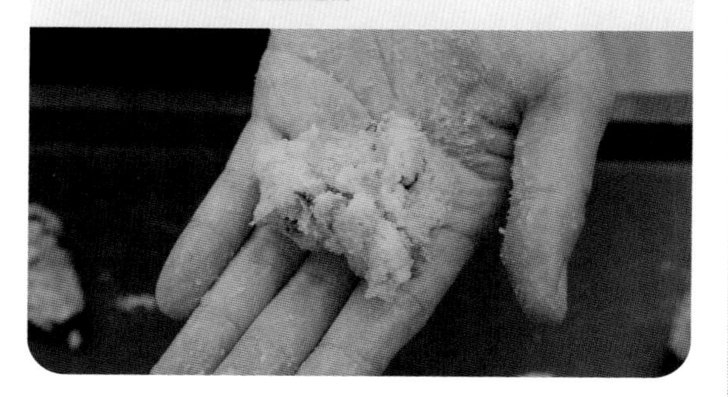

14

雙手搓圓。麵團會被手升溫，操作時感覺黏黏是正常的。此處整形需確實、迅速，做得愈慢，到後面會愈不好操作。

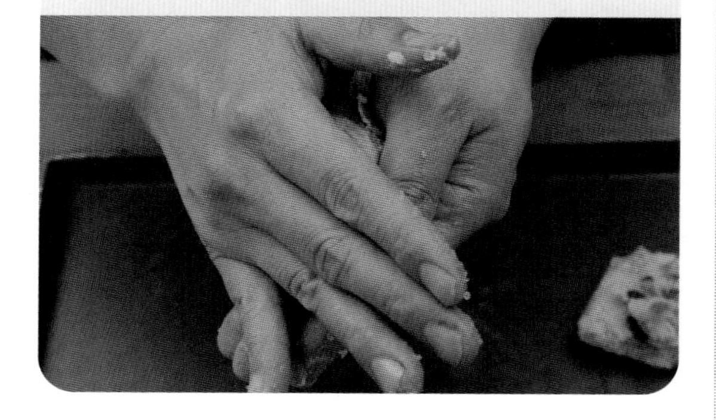

15

搓圓如下圖，間距相等擺入不沾烤盤。餅乾製作會有耗損，製作時少 1~2 顆是正常的。

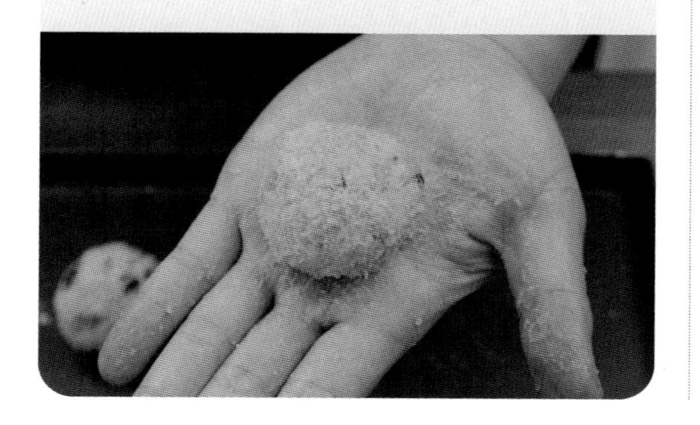

16

確定好位置後，取一顆麵團，壓入無糖玉米片中。

★這裡使用的無糖玉米片要另外備妥，分量隨意即可。

17

間距相等擺入不沾烤盤，這次真的要烤了。

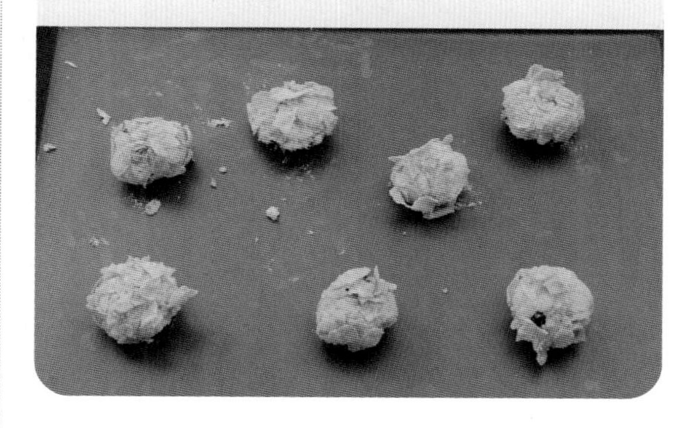

18

送入預熱好的烤箱，以上下火 160°C 烘烤 13~15 分鐘。

★出爐可以等到微涼後，再小心鏟起。

No. 35 變化！美式海鹽焦糖丁蔓越莓軟餅乾

配方中原本就有的無糖玉米片搭配市售海鹽焦糖丁，在原本香脆富有麥香的基礎上，再多一絲焦糖芬芳，口感與風味皆是一絕。

規格 50g

份量 8~9 個

材料	配方（公克）
無鹽奶油	100
二砂糖	110
鹽	3
全蛋液	35
低筋麵粉	120
泡打粉	3
無糖玉米片	40
蔓越莓乾	40
海鹽焦糖丁	適量

作法

01

鋼盆放入無鹽奶油，退冰軟化至 16 ~20°C。

02

手持型攪拌機用慢速將奶油打軟，打成膏狀。

03

加入二砂糖、鹽。

04

手持型攪拌機中速攪打，讓材料均勻分布於奶油內即可。

05

一次性加入所有全蛋液。

★因量少，可以一次加，如果增量便需要分次加入，每次都需攪打至蛋液被吸收，才可再加。

06

手持型攪拌機中速拌至看不到液體、乳化均勻。

07

加入過篩低筋麵粉、過篩泡打粉。

08

以刮刀拌至 8~9 分均勻，還看的見粉類，但大部分材料已均勻之狀態。

09

加入無糖玉米片、蔓越莓乾。

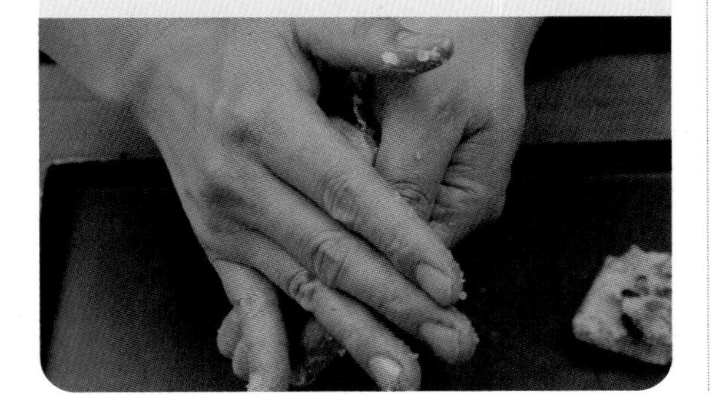

10

刮刀貼著鋼盆邊緣，以畫圓方式朝中心鏟入，再於中心處翻面，反覆此動作翻拌成團。

11

放入袋子中壓扁，厚度大約 2~2.5 公分，冷藏 1 小時，稍後比較好整形。

★這款厚度要比其他軟餅乾厚一些，如果一樣壓到 1.5 公分，無糖玉米片會碎掉很多。

12

取出麵團，將麵團隨意地捏碎，快速捏約 5~10 秒，讓材料硬度大致相同即可。注意不要捏太久，捏太久手的溫度會讓麵團升溫。

13

捉取一點放上電子秤，分割 50g。

★此處不需抹手粉防止沾黏。

★手粉即是抹高筋麵粉。

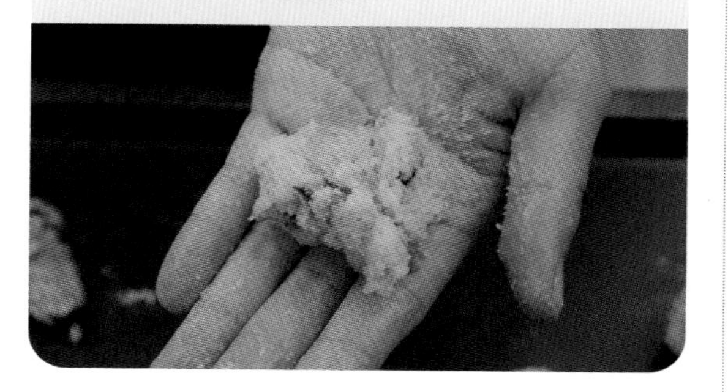

14

雙手搓圓。麵團會被手升溫，操作時感覺黏黏是正常的。此處整形需確實、迅速，做得愈慢，到後面會愈不好操作。

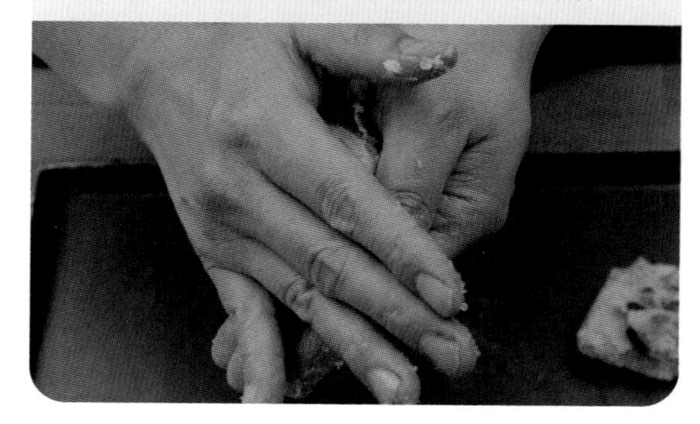

15

搓圓如下圖，間距相等擺入不沾烤盤。餅乾製作會有耗損，製作時少 1~2 顆是正常的。

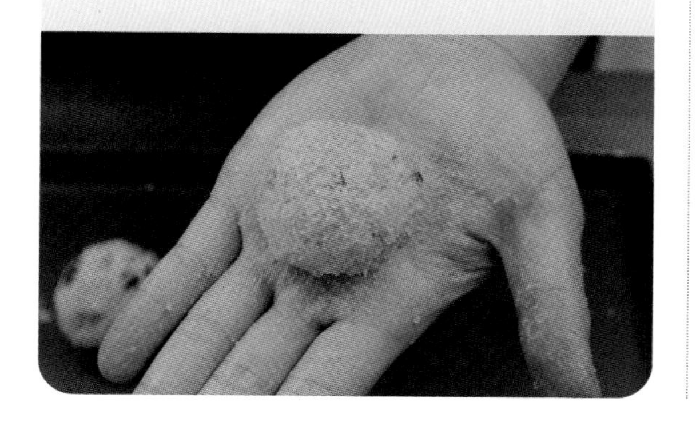

16

確定好位置後，取一顆麵團，壓入海鹽焦糖丁中。

17

間距相等擺入不沾烤盤，這次真的要烤了。

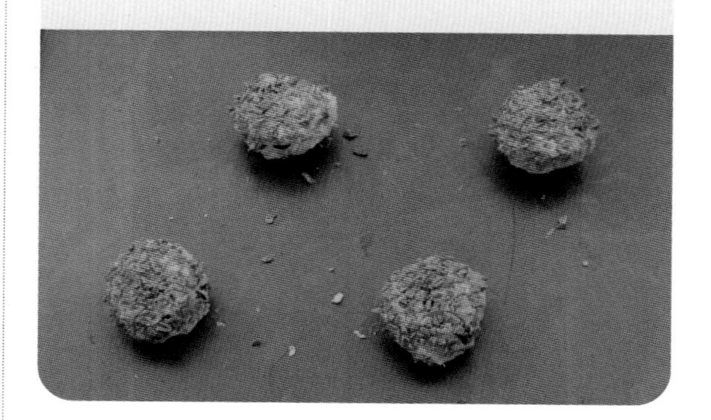

18

送入預熱好的烤箱，以上下火 160°C 烘烤 15~18 分鐘。

★出爐可以等到微涼後，再小心鏟起。

No. 36 美式 MM 巧克力軟餅乾

規格 50g

份量 9~10 個

材料

	配方（公克）
無鹽奶油	100
二砂糖	110
鹽	3
全蛋液	35
低筋麵粉	120
泡打粉	3
苦甜巧克力	50
MM 巧克力	50

作法

01

鋼盆放入無鹽奶油，退冰軟化至16~20°C。

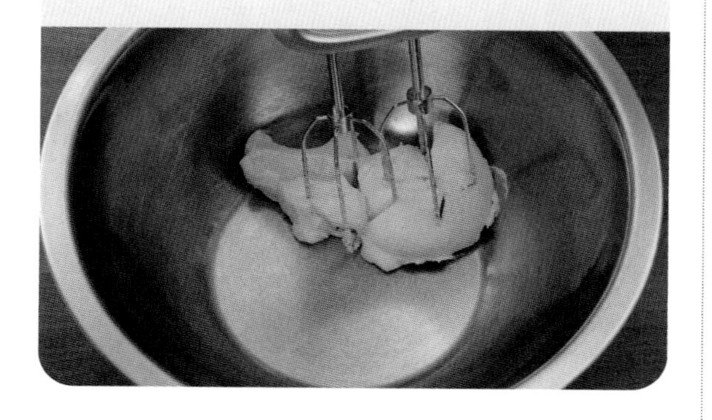

02

手持型攪拌機用慢速將奶油打軟，打成膏狀。

03

加入二砂糖、鹽。

04

手持型攪拌機中速攪打，讓材料均勻分布於奶油內即可。

05

一次性加入所有全蛋液。

★因量少，可以一次加，如果增量便需要分次加入，每次都需攪打至蛋液被吸收，才可再加。

06

手持型攪拌機中速拌至看不到液體、乳化均勻。

07

加入過篩低筋麵粉、過篩泡打粉。

08

以刮刀拌至 8~9 分均勻，還看的見粉類，但大部分材料已均勻之狀態。

09

加入苦甜巧克力、MM 巧克力。

★配方內的 MM 巧克力請全部加入。作法 16 裝飾處使用的 MM 巧克力要另外秤。

10

刮刀由鋼盆邊緣朝中心鏟入，再於中心處翻面，反覆此動作翻拌均勻，輕柔地拌勻成團（太用力拌殼會碎掉）。

11

放入袋子中壓扁，厚度大約 2~2.5 公分，冷藏 1 小時，稍後比較好整形。

★這款厚度要比其他軟餅乾厚一些，如果一樣壓到 1.5 公分，MM 巧克力殼會碎掉。

12

取出麵團，將麵團隨意地捏碎，快速捏約 5~10 秒，讓材料硬度大致相同即可。注意不要捏太久，捏太久手的溫度會讓麵團升溫。

13

捉取一點放上電子秤，分割 50g。

★此處不需抹手粉防止沾黏。
★手粉即是抹高筋麵粉。

14

雙手搓圓。麵團會被手升溫，操作時感覺黏黏是正常的。此處整形需確實、迅速，做得愈慢，到後面會愈不好操作。

15

搓圓如下圖，間距相等擺入不沾烤盤。餅乾製作會有耗損，製作時少 1~2 顆是正常的。

16

確定好位置後，取一顆麵團，壓入 MM 巧克力。

★這裡使用的 MM 巧克力要另外備妥，分量隨意即可。

17

間距相等擺入不沾烤盤，這次真的要烤了。

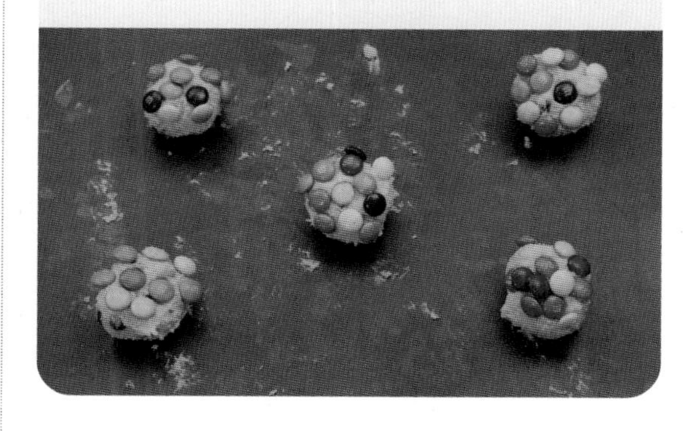

18

送入預熱好的烤箱，以上下火 160°C 烘烤 15~18 分鐘。

★出爐可以等到微涼後，再小心鏟起。

No. 37

變化！美式棉花糖 MM 巧克力軟餅乾

規格 50g

份量 9~10 個

材料 配方（公克）

材料	配方（公克）
無鹽奶油	100
二砂糖	110
鹽	3
全蛋液	35
低筋麵粉	120
泡打粉	3
苦甜巧克力	50
MM 巧克力	50
棉花糖	適量

作法

01
鋼盆放入無鹽奶油，退冰軟化至16~20°C。

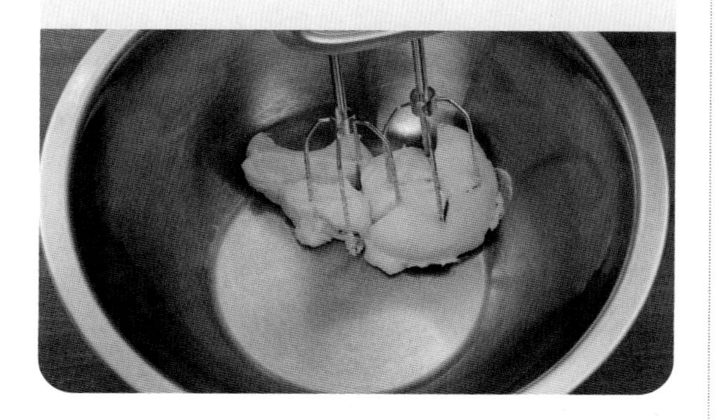

02
手持型攪拌機用慢速將奶油打軟，打成膏狀。

03
加入二砂糖、鹽。

04
手持型攪拌機中速攪打，讓材料均勻分布於奶油內即可。

05
一次性加入所有全蛋液。
★因量少，可以一次加，如果增量便需要分次加入，每次都需攪打至蛋液被吸收，才可再加。

06
手持型攪拌機中速拌至看不到液體、乳化均勻。

07

加入過篩低筋麵粉、過篩泡打粉。

08

以刮刀拌至 8~9 分均勻，還看的見粉類，但大部分材料已均勻之狀態。

09

加入苦甜巧克力、MM 巧克力。

10

刮刀由鋼盆邊緣朝中心鏟入，再於中心處翻面，反覆此動作翻拌均勻，輕柔地拌勻成團（太用力拌殼會碎掉）。

11

放入袋子中壓扁，厚度大約 2~2.5 公分，冷藏 1 小時，稍後比較好整形。

★這款厚度要比其他軟餅乾厚一些，如果一樣壓到 1.5 公分，MM 巧克力殼會碎掉。

12

取出麵團，將麵團隨意地捏碎，快速捏約 5~10 秒，讓材料硬度大致相同即可。注意不要捏太久，捏太久手的溫度會讓麵團升溫。

13

捏取一點放上電子秤，分割 50g。

★此處不需抹手粉防止沾黏。
★手粉即是抹高筋麵粉。

14

雙手搓圓。麵團會被手升溫，操作時感覺黏黏是正常的。此處整形需確實、迅速，做得愈慢，到後面會愈不好操作。

15

搓圓如下圖，間距相等擺入不沾烤盤。餅乾製作會有耗損，製作時少 1~2 顆是正常的。

16

確定好位置後，取一顆麵團，壓入棉花糖。

17

間距相等擺入不沾烤盤，這次真的要烤了。

18

送入預熱好的烤箱，以上下火 160°C 烘烤 15~18 分鐘。

★出爐可以等到微涼後，再小心鏟起。

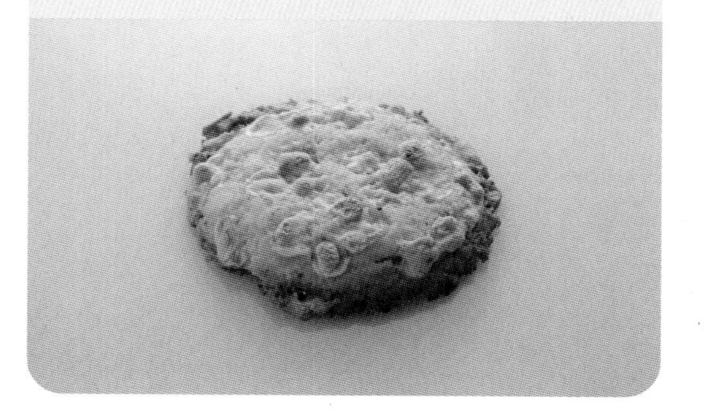

No. 38 咖啡燕麥巧克力軟餅乾

咖啡的苦味可以降低軟餅乾甜度，喜歡軟餅乾口感，但不喜歡太甜的人可以做這一款。加燕麥片又可以讓餅乾更不甜。這一款有咖啡、燕麥片，是本書軟餅乾系列最不甜的一款餅乾。

規格 30g

份量 15~16 個

材料

材料	配方（公克）
無鹽奶油	100
二砂糖	110
鹽	3
全蛋液	35
即溶黑咖啡粉	4
低筋麵粉	120
泡打粉	3
苦甜巧克力	60
燕麥片	40

作法

01

鋼盆放入無鹽奶油，退冰軟化至16~20°C。

02

手持型攪拌機用慢速將奶油打軟，打成膏狀。

03

加入二砂糖、鹽。

04

手持型攪拌機中速攪打，讓材料均勻分布於奶油內即可。

05

一次性加入所有全蛋液。

★因量少，可以一次加，如果增量便需要分次加入，每次都需攪打至蛋液被吸收，才可再加。

06

手持型攪拌機中速拌至看不到液體、乳化均勻。

07

先加入過篩即溶黑咖啡粉拌勻，再加入過篩低筋麵粉、過篩泡打粉。

08

以刮刀拌至 9 分均勻，幾乎看不見白色粉類。

★讓咖啡粉先與材料拌合融化，再加入麵粉拌勻。避免兩個一起拌，為了讓咖啡粉融化導致麵粉出筋。

09

加入苦甜巧克力、燕麥片。配方內的燕麥片要全部加入。作法 16 裝飾處使用的燕麥片要另外秤。

★拌完麵粉再加入苦甜巧克力與燕麥片，避免拌太久讓燕麥片碎掉。

10

刮刀由鋼盆邊緣朝中心鏟入，再於中心處翻面，反覆此動作翻拌均勻，輕柔地拌勻成團（太用力拌燕麥片會碎掉）。

11

放入袋子中壓扁，厚度大約 1.5 公分，冷藏 1 小時，稍後比較好整形。

12

取出麵團，將麵團隨意地捏碎，快速捏約 5~10 秒，讓材硬度大致相同即可。注意不要捏太久，捏太久手的溫度會讓麵團升溫。

13

捏取一點放上電子秤，分割 30g。

★此處不需抹手粉防止沾黏。

★手粉即是抹高筋麵粉。

14

雙手搓圓。麵團會被手升溫，操作時感覺黏黏是正常的。此處整形需確實、迅速，做得愈慢，到後面會愈不好操作。

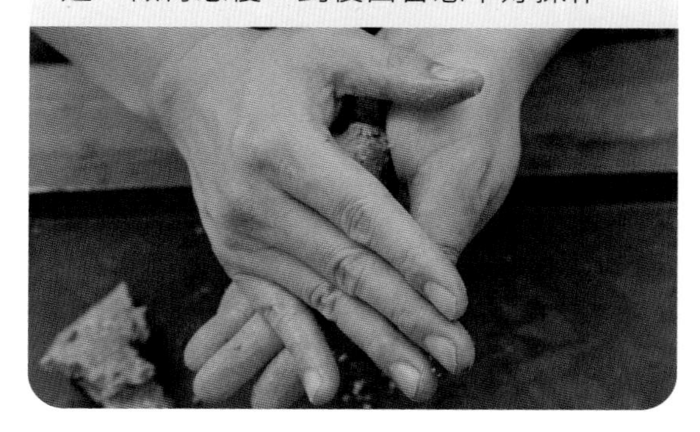

15

搓圓如下圖，間距相等擺入不沾烤盤。餅乾製作會有耗損，製作時少 1~2 顆是正常的。

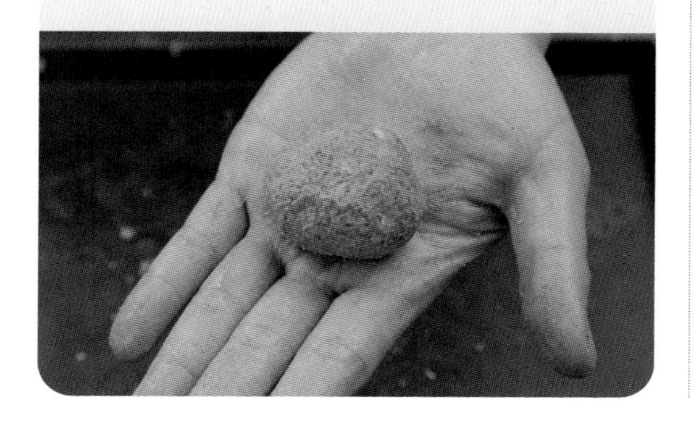

16

確定好位置後，取一顆麵團，壓入燕麥片。

★這裡使用的燕麥片要另外備妥，分量隨意。

17

間距相等擺入不沾烤盤，這次真的要烤了。

18

送入預熱好的烤箱，以上下火 160°C 烘烤 13~15 分鐘。

★出爐可以等到微涼後，再小心鏟起。

No. 39 變化！咖啡杏仁果燕麥巧克力軟餅乾

咖啡的苦味可以降低軟餅乾甜度，喜歡軟餅乾口感，但不喜歡太甜的人可以做這一款。這一款有咖啡、燕麥片、杏仁果，是本書軟餅乾系列最不甜的一款餅乾。

規格 50g

份量 9~10 個

材料 配方（公克）

材料	配方（公克）
無鹽奶油	100
二砂糖	110
鹽	3
全蛋液	35
即溶黑咖啡粉	4
低筋麵粉	120
泡打粉	3
苦甜巧克力	60
燕麥片	40
杏仁果	適量

★杏仁果使用前需用 120˚C 烘烤 30 分鐘。

作法

01

鋼盆放入無鹽奶油，退冰軟化至16~20°C。

02

手持型攪拌機用慢速將奶油打軟，打成膏狀。

03

加入二砂糖、鹽。

04

手持型攪拌機中速攪打，讓材料均勻分布於奶油內即可。

05

一次性加入所有全蛋液。

★因量少，可以一次加，如果增量便需要分次加入，每次都需攪打至蛋液被吸收，才可再加。

06

手持型攪拌機中速拌至看不到液體、乳化均勻。

07

先加入過篩即溶黑咖啡粉拌勻，再加入過篩低筋麵粉、過篩泡打粉。

08

以刮刀拌至 9 分均勻，幾乎看不見白色粉類。

★讓咖啡粉先與材料拌合融化，再加入麵粉拌勻。避免兩個一起拌，為了讓咖啡粉融化導致麵粉出筋。

09

加入苦甜巧克力、燕麥片。

★拌完麵粉再加入苦甜巧克力與燕麥片，避免拌太久讓燕麥片碎掉。

10

刮刀由鋼盆邊緣朝中心鏟入，再於中心處翻面，反覆此動作翻拌均勻，輕柔地拌勻成團（太用力拌燕麥片會碎掉）。

11

放入袋子中壓扁，厚度大約 1.5 公分，冷藏 1 小時，稍後比較好整形。

12

取出麵團，將麵團隨意地捏碎，快速捏約 5~10 秒，讓材硬度大致相同即可。注意不要捏太久，捏太久手的溫度會讓麵團升溫。

13

捉取一點放上電子秤，分割 50g。

★此處不需抹手粉防止沾黏。

★手粉即是抹高筋麵粉。

14

雙手搓圓。麵團會被手升溫，操作時感覺黏黏是正常的。此處整形需確實、迅速，做得愈慢，到後面會愈不好操作。

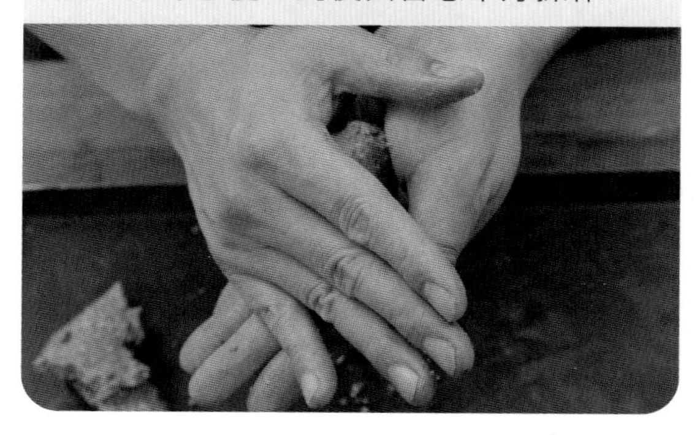

15

搓圓如下圖，間距相等擺入不沾烤盤。餅乾製作會有耗損，製作時少 1~2 顆是正常的。

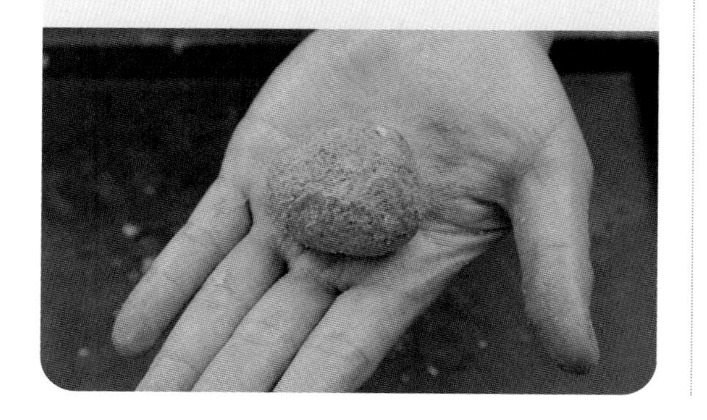

16

確定好位置後，取一顆麵團，壓入杏仁果碎中。

17

間距相等擺入不沾烤盤，中心再妝點一顆完整的杏仁果。

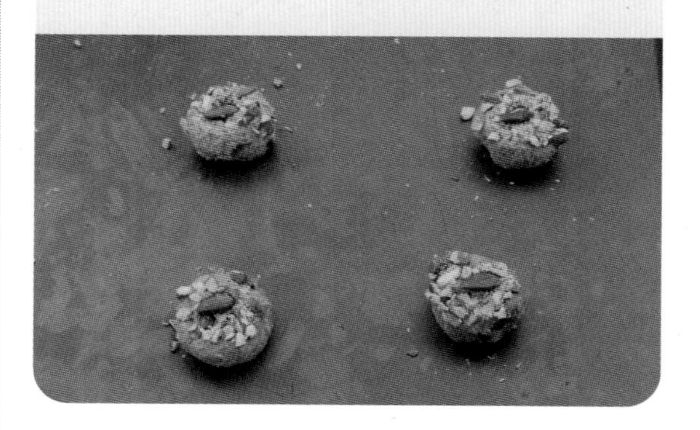

18

送入預熱好的烤箱，以上下火 160°C 烘烤 15~18 分鐘。

★出爐可以等到微涼後，再小心鏟起。

Part

6

布丁與奶酪系列

布丁使用「水浴法」，將產品以蒸、烤的概念熟成；奶酪則使用具備凝結特性的材料——「吉利丁片」冷藏讓產品凝固。

5 款配方口感評比

No.**40** 日式昭和布丁

No.**41** 法芙娜巧克力布丁

No.**42** 鮮奶奶酪

No.**43** 抹茶拿鐵奶酪

No.**44** 豆漿奶酪

No.**45** 鮮濃巧克力奶酪

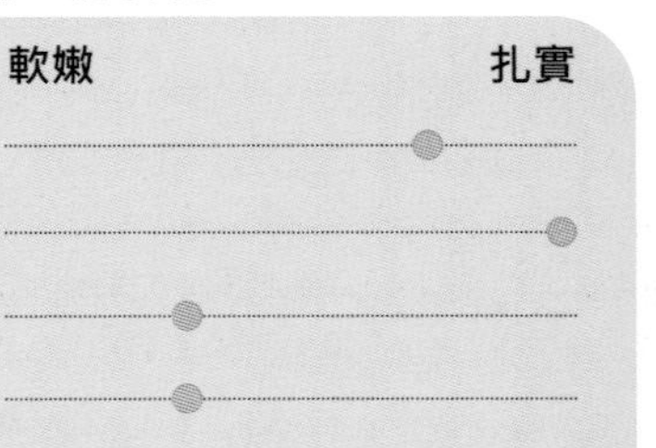

製作布丁技法：「水浴法」

在有深度的烤盤內間距相等放入產品，再注入乾淨飲用水，送入烤箱烘烤至完成。注意不可使用淺烤盤，用淺烤盤出爐時容易被晃動的水燙傷。產品放入烤盤前一定要「已確實隔水」，如果是兩件式模具，模具底部要包上鋁箔紙。

製作奶酪的凝結性食材「吉利丁 Gelatine」

原物料：豬牛的皮和骨
成份組成：蛋白質

吉利丁片　　吉利丁粉

烘焙材料行有時候會標示「金級」、「銀級」吉利丁，簡單來說「Bloom」用來解釋吉利丁的膠性，數值越高，凝結性越強。金級的標準大約是 190~220 Bloom；銀級的標準大約是 160~180 Bloom。數據愈高，凝結性愈好，這是常常有同學覺得製作奶酪、慕斯等冷藏類甜點時，偶爾會遇到凝結力有落差的主要原因。

吉利丁使用前置

01 吉利丁片使用：鋼盆加入飲用水、冰塊，一片一片泡入吉利丁片，確認完全浸入水中，才可泡入下一片。

02 溫度建議 10°C 以下，泡約 20~30 分鐘，完全泡軟後擠乾水分使用。

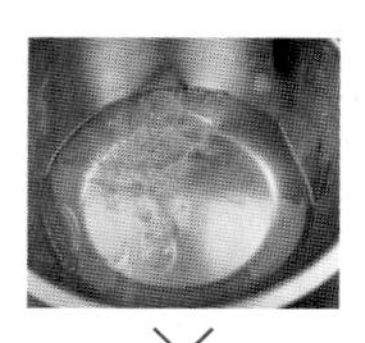

NG！水量需達可完全把吉利丁片浸入。且浸泡時定要使用冰塊水，冰塊也要夠多。使用常溫水浸泡，吉利丁片會溶化在水中，影響凝結效果。

吉利丁（Gelatine）前置完成後，於液體中的溶解溫度為 40~50°C；開始凝結的溫度是 18~20°C；會喪失凝結力的溫度是 80°C，加熱時溫度最高不可達到 80°C。吉利丁的瓦解條件：PH 3.5 以下強酸，或是遇到酵素瓦解蛋白質，特別是遇到無花果、鳳梨、奇異果等果酸。吉利丁是有熱量的，1g 等於 3.88 kcal，吉利丁由動物膠提煉出來的，素食者不可食用。

★泡常溫水只需要 3~5 分鐘就會變軟，但這個是讓膠「溶化」，不是讓膠「吸水」。冷水情況下膠質吸水速度比較慢，但它吸的比較多，最後釋放的膠性會最多。

★吉利丁粉使用：以 5 倍的水量浸泡拌勻。

No. 40 日式昭和布丁

為什麼叫「昭和布丁」？因為是原始的布丁配方，吃起來會比現代的布丁扎實一點。現代布丁追求滑順度，會調整雞蛋跟蛋黃的比例，把蛋黃比例調高，因為使用蛋黃口感會較滑順，全蛋則凝固性較好。

規格 BS38 烘烤杯
直徑 7 公分，高 4.5 公分

份量 7~8 杯

焦糖液	配方（公克）
細砂糖	100
水	20~30

布丁液	配方（公克）
全蛋	200
細砂糖	80
香草莢醬	3
鮮奶	500

★雞蛋要退冰，溫度太低表面張力會太強，沒退冰作法 11 操作時會比較難打散。

★香草莢醬可以用新鮮香草莢 1/2 條代替。

作法

01

焦糖液：乾淨雪平鍋加入細砂糖（鍋內要非常乾淨，不可有水分、油脂），開中火，邊拌邊加熱。

02

加熱過程中用耐熱刮刀刮拌，不必擔心會反砂，材料只有細砂糖去做攪拌不會反砂，有加液體一起拌才會反砂。

03

全數溶化成焦糖狀態後轉小火，煮到有一點牛奶糖的顏色。

04

分數次加水，此時鍋內溫度很高，液體下去會瞬間產生高溫水蒸氣，需注意安全。

05

溫度差會令鍋內材料噴濺，加的時候人要離鍋子遠一點，邊加邊拌，每次加入都拌一下，讓材料比較均勻。

06

這個配方建議分 3~4 次加水，加水是為了調整焦糖醬的濃稠度。

07

關火，完成後的焦糖液呈現這個顏色。

08

每個分裝 3~4g。這個分量不會填滿烘烤杯，放涼讓其凝固，烘烤後焦糖液會在底部自然散開。

★多餘的焦糖液可以放上矽膠墊，放涼後再用保鮮膜包起來，冷藏，需要時扳成一片一片使用。

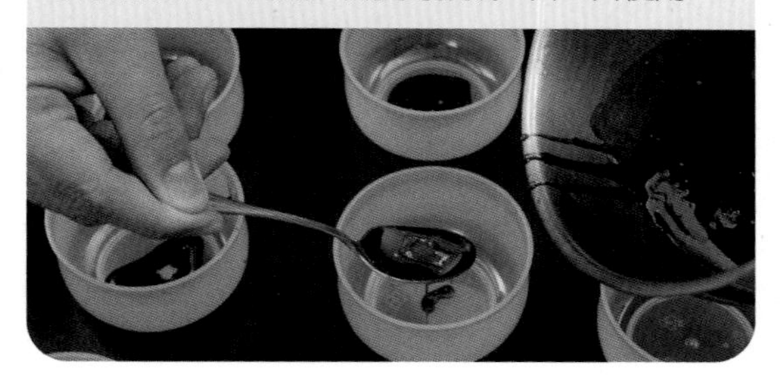

09

布丁液：鮮奶直火加熱至 65°C，不須隔水加熱。鮮奶加熱後的蛋白質、脂肪會更均勻，這樣製作的布丁滑順度更佳。

10

乾淨鋼盆加入全蛋、細砂糖、香草莢醬。

11

用打蛋器拌勻。

★拌勻即可，不需把細砂糖拌到溶化，稍後會加入溫熱鮮奶，鮮奶會把糖溶化。

12

加入作法 9 溫度 65°C 之鮮奶拌勻。

★ 65°C 是比較恰當的溫度，溫度太高蛋會熟，太低糖會無法溶化。

13

以保鮮膜封起，保鮮膜要貼住布丁液，靜置 30 分鐘。

★靜置時不希望有多餘的水蒸氣留在裡面，所以要貼住材料。

14

靜置的目的是為了去除表面的浮沫泡泡，讓整體質地更加穩定。時間到拿起保鮮膜，保鮮膜會把表面的浮沫帶起，再用細篩網過篩。

15

慢慢倒入量杯中，這邊不要倒太急，太快又會出現泡泡。

16

倒入作法 8 已分裝焦糖液的烘烤杯中，每杯分裝 100~110g。

17

一杯一杯放入深烤盤，再在烤盤中注入約 38°C 的乾淨飲用水（此為水浴法）。

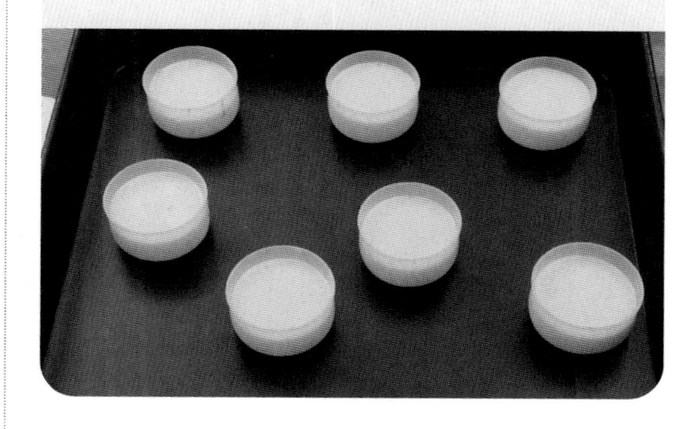

18

送入預熱好的烤箱，以上下火 150°C 烘烤 40~45 分鐘。

No. 41 法芙娜巧克力布丁

這項產品建議使用 60~70% 的苦甜巧克力，
喜歡苦一點可以選 70%。

規格 BS38 烘烤杯
直徑 7 公分，高 4.5 公分

份量 6~7 杯

焦糖液	配方（公克）
細砂糖	100
水	30

布丁液	配方（公克）
動物性鮮奶油	200
苦甜巧克力	100
鮮奶	250
蛋黃	100
細砂糖	20

★雞蛋要退冰，溫度太低表面張力會太強，沒退冰作法9操作時會比較難打散。

作法

01

焦糖液：乾淨雪平鍋加入細砂糖（鍋內要非常乾淨，不可有水分、油脂），開中火，邊拌邊加熱。

02

加熱過程中用耐熱刮刀刮拌，不必擔心會反砂，材料只有細砂糖去做攪拌不會反砂，有加液體一起拌才會反砂。

03

全數溶化成焦糖狀態後轉小火，煮到有一點牛奶糖的顏色。

04

分數次加水，加水是為了調整焦糖醬的濃稠度，此時鍋內溫度很高，液體下去會瞬間產生高溫水蒸氣。

05

溫度差會令鍋內材料噴濺，加的時候人要離鍋子遠一點，邊加邊拌，每次加入都拌一下，讓材料比較均勻。

06

每個分裝 3~4g。這個分量不會填滿烘烤杯，放涼讓其凝固，烘烤後焦糖液會在底部自然散開。

★多餘的焦糖液可以放上矽膠墊，放涼後再用保鮮膜包起來，冷藏，需要時扳成一片一片使用。

07

布丁液：動物性鮮奶油直火加熱至大滾，加熱後的蛋白質、脂肪會更均勻，這樣製作的布丁滑順度更佳。沖入苦甜巧克力中，靜置 3 分鐘，拌勻。

08

鮮奶油沒有加熱與巧克力拌勻的話，乳脂肪不夠，會分離。另外將鮮奶直火加熱至 65°C，備用。

09

乾淨鋼盆加入蛋黃、細砂糖。

★拌勻即可，不需把細砂糖拌到溶化，稍後會加入溫熱鮮奶，鮮奶會把糖溶化。

10

加入作法 8 溫度 65°C 之鮮奶。

★ 65°C 是比較恰當的溫度，溫度太高蛋會熟，太低糖會無法溶化。

11

邊加入邊拌勻。

12

再倒入作法 8 巧克力鮮奶油中拌勻。

13

以保鮮膜封起，保鮮膜要貼住布丁液，靜置 30 分鐘。

★靜置時不希望有多餘的水蒸氣留在裡面，所以要貼住材料。

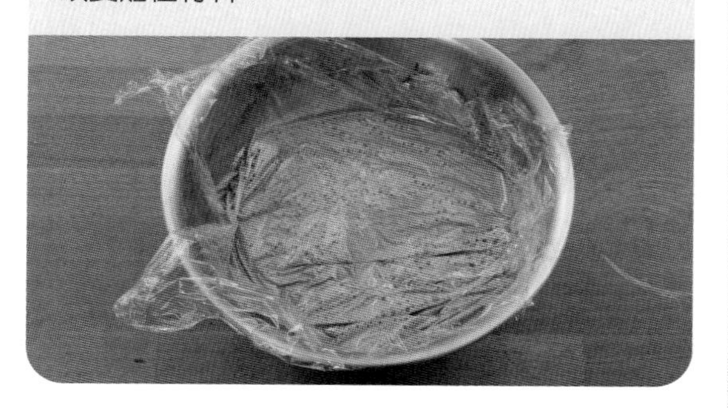

14

靜置的目的是為了去除表面的浮沫泡泡，讓整體質地更加穩定。時間到拿起保鮮膜，保鮮膜會把表面的浮沫帶起，再用細篩網過篩。

15

慢慢倒入量杯中，這邊不要倒太急，太快又會出現泡泡。

16

倒入作法 6 已分裝焦糖液的烘烤杯中，每杯分裝 100~110g。

17

一杯一杯放入深烤盤，再在烤盤中注入約 38°C 的乾淨飲用水（此為水浴法）。

18

送入預熱好的烤箱，以上下火 150°C 烘烤 40~45 分鐘。

No. 42 鮮奶奶酪

規格 B31 圓布丁杯
直徑 5 公分，高 6.2 公分

份量 4 杯

材料

材料	配方（公克）
鮮奶	500
細砂糖	25
吉利丁片	2.5 片

★製作奶酪推薦使用金級吉利丁。

★希望甜度更低，可以將細砂糖降低至 15g，做微糖即可。

作法

01

鋼盆加入鮮奶、細砂糖，中火加熱至65°C。

★ 65°C 兩個原因，第一讓糖溶化；第二鮮奶加熱後蛋白質、脂肪會更均勻，產品會更加滑順。注意不要過度加熱，加熱過頭鮮奶會凝固，表面形成一塊硬皮。

02

用耐熱刮刀慢慢拌勻，不用拌太大力，拌的太快、太用力會起泡泡，奶酪起泡泡比較不好消掉。

03

加入前置好的吉利丁片拌勻。

04

確認材料完全溶化，倒入量杯，再倒入布丁杯中，一杯分裝 130g

05

室溫先放到手摸到去沒有溫熱感，再蓋上蓋子冷藏 6 小時，冷藏至材料凝固即可。

★不可以貪快直接送入冷凍，直接送入冷凍會因為冷（冷凍溫度）、熱（液體溫度）有高低差關係，令表面結皮。

No. 43 抹茶拿鐵奶酪

規格 B31 圓布丁杯
直徑 5 公分，高 6.2 公分

份量 4 杯

材料	配方（公克）
鮮奶	500
細砂糖	25
抹茶粉	6
吉利丁片	2.5 片

★製作奶酪推薦使用金級吉利丁。

★希望甜度更低，可以將細砂糖降低至15g，做微糖即可。建議第一次按照原配方製作，抹茶粉微苦，如果沒有吃過，就貿然把糖度調低，成品可能會太苦。

作法

01

細砂糖、抹茶粉裝入袋子中，預先混勻。

★兩個材料混勻，後續加熱比較不會有結塊狀況。

02

鋼盆加入鮮奶、混勻的作法 1 材料，中火加熱。加熱途中需用打蛋器慢慢攪拌，拌至 55~60°C。

★ 55~60°C 三個原因，第一讓糖溶化；第二鮮奶加熱後的蛋白質、脂肪會更均勻，產品會更加滑順，注意不要過度加熱，加熱過頭鮮奶會凝固，表面形成一塊硬皮；第三溫度太高會讓抹茶粉變色，所以調低溫度。

★如果將鮮奶與抹茶粉一同加熱，混合拌勻會結塊，這是因為乳脂肪會抓住抹茶粉導致結塊。而將糖與抹茶粉一同混勻，再與鮮奶一起煮，此時糖會優先抓乳脂肪，糖抓乳脂肪的速度大於乳脂肪抓抹茶粉的速度，因此抹茶粉不會結粒。

03

用打蛋器慢慢拌勻，不用拌太大力，拌的太快、太用力會起泡泡，奶酪起泡泡比較不好消掉。

04

加入前置好的吉利丁片拌勻。

05

確認材料完全溶化，倒入量杯，再倒入布丁杯中，一杯分裝 130g

06

室溫先放到手摸到去沒有溫熱感，再蓋上蓋子冷藏 6 小時，冷藏至材料凝固即可。

★不可以貪快直接送入冷凍，直接送入冷凍會因為冷（冷凍溫度）、熱（液體溫度）有高低差關係，令表面結皮。

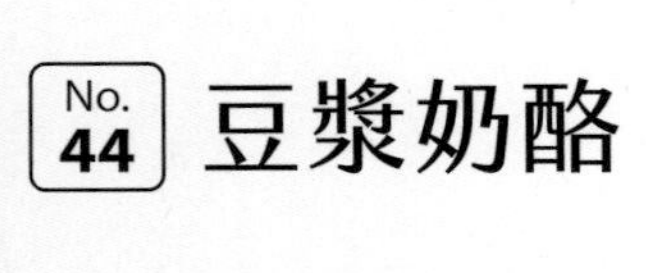

No. 44 豆漿奶酪

規格 B5550 直方杯
長寬高 5 公分

份量 5~6 杯

材料	配方（公克）
全脂豆漿	500
細砂糖	25
吉利丁片	2.5 片

作法

01

鋼盆加入全脂豆漿、細砂糖，中火加熱至 55~60°C。

★ 55~60°C 兩個原因，第一讓糖融化；第二豆漿很容易結皮，所以溫度要調降。

02

用耐熱刮刀慢慢拌勻，不用拌太大力，拌的太快、太用力會起泡泡，奶酪起泡泡比較不好消掉。

03

加入前置好的吉利丁片拌勻。

04

確認材料完全溶化，倒入量杯，再倒入直方杯中，一杯分裝 90g。

05

室溫先放到手摸到去沒有溫熱感，蓋上蓋子冷藏 6 小時，冷藏至材料凝固即可。

★不可以貪快直接送入冷凍，直接送入冷凍會因為冷（冷凍溫度）、熱（液體溫度）有高低差關係，令表面結皮。

No. 45 鮮濃巧克力奶酪

規格 B5550 直方杯
長寬高 5 公分

份量 約 5 杯

材料 配方（公克）

鮮奶	300
動物性鮮奶油	100
苦甜巧克力	100
吉利丁片	2 片

★吉利丁片只需要兩片的原因是，配方中有「巧克力」，巧克力本身便具備凝固性。本配方沒有使用糖的原因也是因為巧克力本身已有甜度。

★這一道的巧克力建議使用 60~70% 的苦甜巧克力，喜歡苦一點可以選 70%。

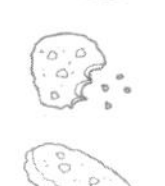

作法

01

動物性鮮奶油中火煮滾，沖入苦甜巧克力中，室溫靜置 3 分鐘，再拌勻。

★材料甫一接觸，巧克力中心溫度還沒有升溫，直接拌勻會比較難拌，靜置一下，待巧克力溫度提高再拌勻就會很好操作。

02

鋼盆加入鮮奶，中火加熱至 65°C。

★ 65 °C 兩個原因，第一讓吉利丁片溶化；第二鮮奶加熱後蛋白質、脂肪會更均勻，產品會更加滑順。注意不要過度加熱，加熱過頭鮮奶會凝固，表面形成一塊硬皮。

03

加入前置好的吉利丁片，用耐熱刮刀慢慢拌勻，不用拌太大力，拌的太快、太用力會起泡泡，奶酪起泡泡比較不好消掉。

04

作法 3 鮮奶分 3 次慢慢加入作法 1 巧克力糊中拌勻，加的太快材料會分離，要慢慢加，慢慢拌勻。

05

確認材料混合均勻，倒入量杯，再倒入布丁杯中，一杯分裝 80g。

06

室溫先放到手摸到去沒有溫熱感，再蓋上蓋子冷藏 6 小時，冷藏至材料凝固即可。

★不可以貪快直接送入冷凍，直接送入冷凍會因為冷（冷凍溫度）、熱（液體溫度）有高低差關係，令表面結皮。

Part 7

瑪德蓮常溫蛋糕系列

寫在瑪德蓮開始前

所謂澄清奶油（clarified butter），其實就是把奶油中的水分去除而已，不會煮到「焦化」，會煮到有沸騰、呈黃油狀態，白色的乳脂肪會沉澱在下面，這就是澄清奶油。把澄清奶油均勻地刷一層在瑪德蓮烤模上，這樣瑪德蓮就不會黏住模具。

01
有柄厚鋼鍋倒入無鹽奶油，中大火加熱。

02
加熱至沸騰，表面冒出泡沫。

03
用橡皮刮刀輕刮鋼底，幫助熱源分散、水分蒸發。

04
聽到嗶嗶答答的聲音就可以關火了。用餘溫做澄清奶油，直至變成黃油的狀態（約 60~65°C）。

05
水比油重，當水分蒸發完，什麼會比油重一點點？就是乳蛋白。乳蛋白沉澱在下面，奶油則浮在上面。

06
均勻地刷一層在瑪德蓮烤模上，這樣瑪德蓮就不會黏住模具。

No. 46 經典香草瑪德蓮蛋糕

分裝 40g

份量 8~9 個

材料

	配方（公克）
無鹽奶油	100
全蛋	100
香草莢醬	2
細砂糖	80
泡打粉	3
低筋麵粉	80

★作法 2 製作成澄清奶油也可以，一般要做長時間保存的瑪德蓮蛋糕，師傅會選擇用澄清奶油，因為將水分都蒸發掉，瑪德蓮自然可以放比較久。

★雞蛋跟糖原本可以打發，但加入奶油後就不會打發了。有些瑪德蓮組織粗糙，這表示拌勻時太用力、空氣太多，而我們這款設計油比重高，在油比重高的狀況下，氣體無法保存在麵糊當中。

作法

01

無鹽奶油中火加熱，加熱至沸騰狀態。

02

一沸騰即可熄火備用。

★這個步驟教學沒有做到澄清奶油的狀態，還保有水分，這款瑪德蓮在一兩天內吃，濕潤度是最好的。

03

乾淨鋼盆加入全蛋、香草莢醬、細砂糖。

04

打蛋器快速拌勻，拌到材料均勻即可，不需打到糖溶化。

05

倒入降溫至 50~65°C 的作法 2 無鹽奶油。

06

分 4~5 次加入，邊加邊拌勻。

07

確保奶油與材料融合再加下一次。

08

將材料乳化均勻。

09

加入過篩泡打粉、過篩低筋麵粉。

10

拌勻到麵糊滑順細緻。

11

以保鮮膜封起，冷藏 60 分鐘。

12

取下保鮮膜，刮刀拌一下材料，讓材料質地一致。

13

搭配刮刀裝入擠花袋中，裝的時候盡量不要裝入空氣。

14

配方外無鹽奶油煮至澄清奶油狀態，薄薄一層刷上模具（詳 P.117）。

15

圓貝殼模擠 40g，擠 7~8 分滿即可。

16

送入預熱好的烤箱，以上下火 200°C 烘烤 13~15 分鐘。

No. 47 紅茶瑪德蓮蛋糕

Point

★作法 2 製作成澄清奶油也可以，一般要做長時間保存的瑪德蓮蛋糕，師傅會選擇用澄清奶油，因為將水分都蒸發掉，瑪德蓮自然可以放比較久。

★雞蛋跟糖原本可以打發，但加入奶油後就不會打發了。有些瑪德蓮組織粗糙，這表示拌勻時太用力、空氣太多，而我們這款設計油比重高，在油比重高的狀況下，氣體無法保存在麵糊當中。

分裝 40g

份量 8~9 個

材料	配方(公克)
無鹽奶油	100
全蛋	100
香草莢醬	2
細砂糖	80
泡打粉	3
低筋麵粉	80
紅茶粉	4

作法

01

無鹽奶油中火加熱，加熱至沸騰狀態。

02

一沸騰即可熄火備用。

★這個步驟教學沒有做到澄清奶油的狀態，還保有水分，這款瑪德蓮在一兩天內吃，濕潤度是最好的。

03

乾淨鋼盆加入全蛋、香草莢醬、細砂糖。

04

打蛋器快速拌勻，拌到材料均勻即可，不需打到糖溶化。

05

倒入降溫至 50~65˚C 的作法 2 無鹽奶油。

06

分 4~5 次加入，邊加邊拌勻。

07

確保奶油與材料融合再加下一次。

08

將材料乳化均勻。

09

加入過篩泡打粉、過篩低筋麵粉、過篩紅茶粉。

10

拌勻到麵糊滑順細緻。

11

以保鮮膜封起，冷藏 60 分鐘。

12

取下保鮮膜，刮刀拌一下材料，讓材料質地一致。

13

搭配刮刀裝入擠花袋中，裝的時候盡量不要裝入空氣。

14

配方外無鹽奶油煮至澄清奶油狀態，薄薄一層刷上模具（詳 P.117）。

15

圓貝殼模擠 40g，擠 7~8 分滿即可。

16

送入預熱好的烤箱，以上下火 200°C 烘烤 13~15 分鐘。

No. 48 抹茶瑪德蓮蛋糕

Point

★作法 3 製作成澄清奶油也可以，一般要做長時間保存的瑪德蓮蛋糕，師傅會選擇用澄清奶油，因為將水分都蒸發掉，瑪德蓮自然可以放比較久。

★雞蛋跟糖原本可以打發，但加入奶油後就不會打發了。有些瑪德蓮組織粗糙，這表示拌勻時太用力、空氣太多，而我們這款設計油比重高，在油比重高的狀況下，氣體無法保存在麵糊當中。

★比起後加抹茶粉，先加抹茶粉在稍後與奶油混勻時，奶油可以把抹茶粉的味道提前釋放出來。以前很多人都喜歡冷藏 12 小時，運用這個小技巧，就可以讓抹茶瑪德蓮不需靜置這麼久，就可以很有風味。

分裝 40g

份量 8~9 個

材料

材料	配方（公克）
無鹽奶油	100
全蛋	100
香草莢醬	2
抹茶粉	4
細砂糖	80
泡打粉	3
低筋麵粉	80

作法

01

抹茶粉、細砂糖裝入袋子中，預先混勻。

02

無鹽奶油中火加熱，加熱至沸騰狀態。

03

一沸騰即可熄火備用。

★這個步驟教學沒有做到澄清奶油的狀態，還保有水分，這款瑪德蓮在一兩天內吃，濕潤度是最好的。

04

乾淨鋼盆加入全蛋、香草莢醬、作法 1 混勻的抹茶細砂糖，打蛋器快速拌勻，拌到材料均勻即可，不需打到糖溶化。

05

倒入降溫至 50~65˚C 的作法 3 無鹽奶油。

06

分 4~5 次加入，邊加邊拌勻。

07

確保奶油與材料融合再加下一次。

08

將材料乳化均勻。

09

加入過篩泡打粉、過篩低筋麵粉。

10

拌勻到麵糊滑順細緻。

11

以保鮮膜封起，冷藏 60 分鐘。

12

取下保鮮膜，刮刀拌一下材料，讓材料質地一致。

13

搭配刮刀裝入擠花袋中，裝的時候盡量不要裝入空氣。

14

配方外無鹽奶油煮至澄清奶油狀態，薄薄一層刷上模具（詳 P.117）。

15

圓貝殼模擠 40g，擠 7~8 分滿即可。

16

送入預熱好的烤箱，以上下火 200°C 烘烤 13~15 分鐘。

No. 49 巧克力瑪德蓮蛋糕

Point

★作法 2 製作成澄清奶油也可以，一般要做長時間保存的瑪德蓮蛋糕，師傅會選擇用澄清奶油，因為將水分都蒸發掉，瑪德蓮自然可以放比較久。

★雞蛋跟糖原本可以打發，但加入奶油後就不會打發了。有些瑪德蓮組織粗糙，這表示拌勻時太用力、空氣太多，而我們這款設計油比重高，在油比重高的狀況下，氣體無法保存在麵糊當中。

★建議使用 60~70% 的苦甜巧克力，喜歡苦一點可以選 70%。為什麼不用可可粉，要用融化的巧克力呢？因為這樣味道會比較濃郁。

分裝 40g

份量 8~9 個

材料	配方（公克）
無鹽奶油	100
全蛋	100
香草莢醬	2
細砂糖	70
泡打粉	3
低筋麵粉	80
苦甜巧克力	40

作法

01

苦甜巧克力隔水加熱，加熱至溶化即可，保溫在 40~50°C 備用。無鹽奶油放入乾淨鍋中（下圖為無鹽奶油）。

02

中火加熱，加熱至沸騰狀態，一沸騰即可熄火備用。

★這個步驟教學沒有做到澄清奶油的狀態，還保有水分，這款瑪德蓮在一兩天內吃，濕潤度是最好的。

03

乾淨鋼盆加入全蛋、香草莢醬、細砂糖。

04

打蛋器快速拌勻，拌到材料均勻即可，不需打到糖溶化。

05

倒入降溫至50~65˚C的作法2無鹽奶油。

06

分4~5次加入，邊加邊拌勻，確保奶油與材料融合再加下一次，將材料乳化均勻。

07

加入過篩泡打粉、過篩低筋麵粉，拌勻到麵糊滑順細緻。

08

備妥作法7麵糊、作法1保溫在40~50˚C的苦甜巧克力。

09

倒入苦甜巧克力醬，以打蛋器拌勻。

10

拌勻到兩個材料完全混合均勻。

11

以保鮮膜封起，冷藏 60 分鐘。

12

取下保鮮膜，刮刀拌一下材料，讓材料質地一致。

13

搭配刮刀裝入擠花袋中，裝的時候盡量不要裝入空氣。

14

配方外無鹽奶油煮至澄清奶油狀態，薄薄一層刷上模具（詳 P.117）。

15

圓貝殼模擠 40g，擠 7~8 分滿即可。

16

送入預熱好的烤箱，以上下火 200°C 烘烤 13~15 分鐘。

瑪德蓮「麵糊」搭配技巧

麵糊搭配

巧克力（P.130~133）×香草（P.118~121）

圓貝殼模各擠 20g，擠 7~8 分滿即可，送入預熱好的烤箱，以上下火 200°C 烘烤 13~15 分鐘。

巧克力是重口感的東西，搭配抹茶、紅茶雖然也是很好吃，但整體上會定不出主角，互相影響，搭配香草是最佳選擇。

抹茶（P.126~129）×紅茶（P.122~125）

圓貝殼模各擠 20g，擠 7~8 分滿即可，送入預熱好的烤箱，以上下火 200°C 烘烤 13~15 分鐘。

抹茶與紅茶堪稱絕配！我本來擔心兩者會互相影響，殊不知吃了之後驚為天人，抹茶的香氣、紅茶的茶香兩者涇渭分明，卻又和諧共存，希望各位務必試一次！真的非常好吃。

瑪德蓮「餡料」搭配技巧

Step 1：擠餡料的方法（建議使用 SN7066 或惠爾通 230 灌餡）

01

02

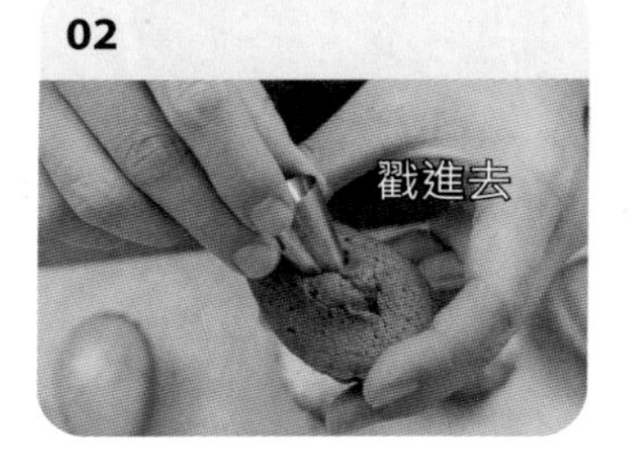

03

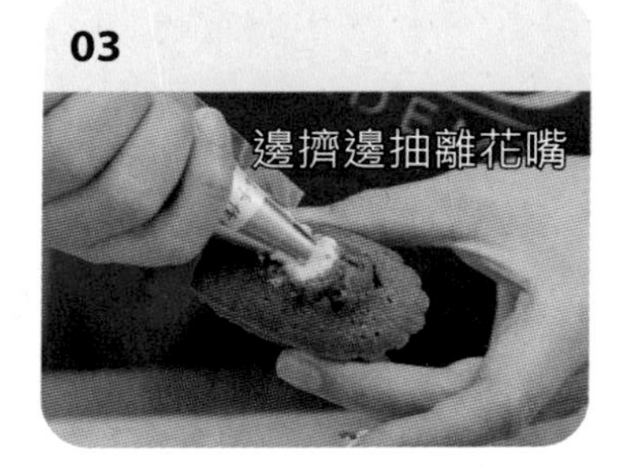

Step 2：推薦搭配（線條顏色愈深愈推薦）

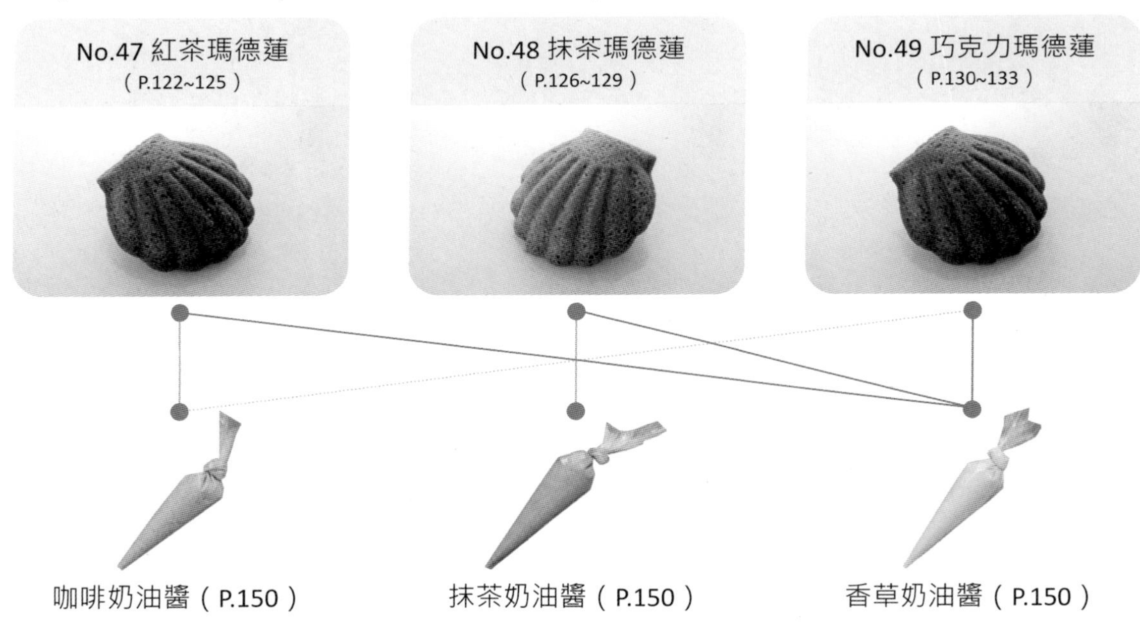

Step 3：撒點糖粉，美味升級~

紅茶瑪德蓮

抹茶瑪德蓮

巧克力瑪德蓮

Part

8

費南雪常溫蛋糕系列

No. 50 原味費南雪蛋糕

規格 SN61545 長方形模

份量 麵糊 40g．約 9~10 個

材料

材料	配方（公克）
無鹽奶油	100
蛋白	100
細砂糖	100
蜂蜜	10
杏仁粉	40
泡打粉	2
低筋麵粉	40

作法

01
配方外奶油煮至澄清奶油狀態，薄薄一層刷上模具，冰冰箱，待凝固再刷一層。模具撒大量麵粉，再將多餘的麵粉抖落。

02
無鹽奶油小火加熱，加熱至澄清奶油狀態。因為要把水分慢慢蒸發掉，用中火或大火旁邊可能會燒焦，所以要用小火。

03
鍋子加熱中心溫度會最高，要用耐熱刮刀略拌輔助，避免中心燒焦。

04
加熱過程中會聽到類似油爆的聲音，這是因為水分被蒸發掉了。

05
當聲音轉小時就是水分幾乎蒸發完畢，達到澄清奶油之狀況。因為油比水輕，底部沒有看到白色乳脂肪就代表煮好了。

06
乾淨鋼盆加入蛋白、細砂糖、蜂蜜，用打蛋器拌勻，輕輕拌勻即可，盡量不要拌到起泡。

07
加入過篩杏仁粉、過篩泡打粉、過篩低筋麵粉。

08
以打蛋器拌勻，混合後會發現麵糊有一點稠度。

09
麵糊濃稠度可參考作法 8~9，基本上麵糊呈拉起後約 1~2 秒融合之狀態。

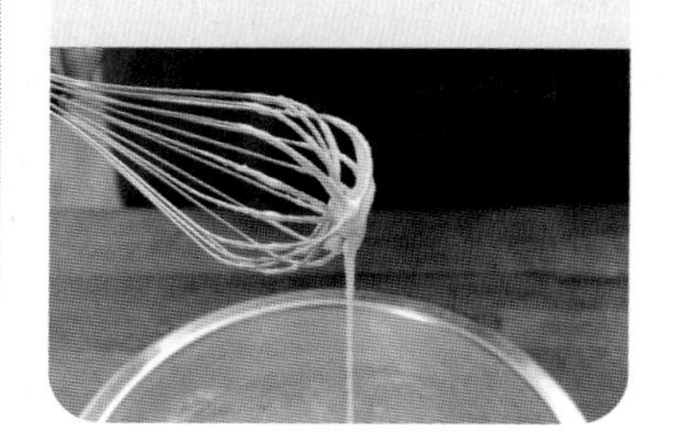

10
分 5~6 次加入降溫至 50~65°C 的奶油，這個溫度的奶油與麵糊融合性會比較好，拌至乳化均勻，麵糊呈現滑順細緻的狀態。

11
乳化是油包水，一口氣加太快油脂會來不及吸收，費南雪無法保持濕潤度。拌勻如果一堆泡泡，代表泡打粉起作用了，但正常來說加入奶油不太會起泡，奶油太熱也會導致泡打粉失去膨脹力。

12
以保鮮膜封起，靜置一個晚上，時間約 12 小時，最多不要超過 24 小時。

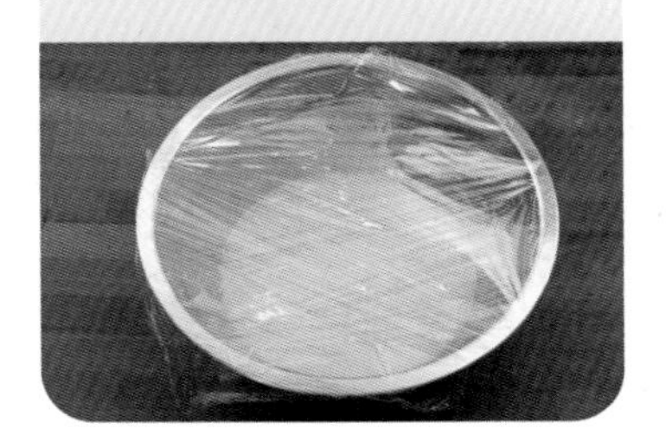

13
取出回溫 1 小時，回溫至麵糊具流性，刮刀拌一下材料，讓材料質地一致。

14
搭配刮刀裝入擠花袋中，裝的時候盡量不要裝入空氣。

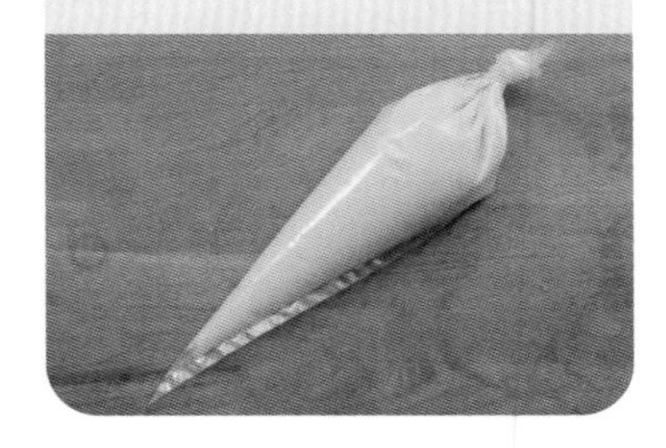

15
擠入作法 1 前置完畢的模具內，每個擠約 40g。

16
送入預熱好的烤箱，以上下火 200°C 烘烤 10~12 分鐘。

★蜂蜜可用楓糖替代，添加一點轉化糖可以讓濕潤度較佳，且保濕性也會比較好。

★我喜歡用細砂糖，口感比較有鬆度，國外喜歡用純糖粉，純糖粉口感會比較扎實。

★比較瑪德蓮、費南雪甜點等級的話，費南雪甜點等級比較高。

★比較容易沾黏的蛋糕會黏在模型上面，刷兩層可以確定費南雪麵糊在模具上熟成均勻。

原味變化！香草橘皮費南雪蛋糕

01
作法 15 擠完麵糊後，撒上橘皮丁。參考作法 16 烤熟。

02
使用★香草奶油醬（P.150），搭配花嘴 SN7066 擠水滴造型，最後再放上蜜漬橘皮條。

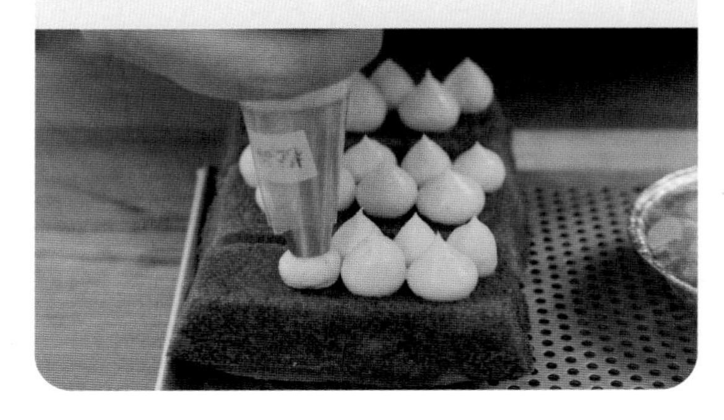

03
完成。

原味變化！小步圓舞曲費南雪蛋糕

01
作法 15 模具替換成「圓鋁 60」，這個模具就不用抹油撒粉，擠到 8 分滿。

02
撒杏仁片及中雙糖，送入預熱好的烤箱，以上下火 200°C 烘烤 10~12 分鐘。

03
完成。

No. 51 抹茶費南雪蛋糕

規格 SN61545 長方形模

份量 麵糊 40g，約 9~10 個

材料

	配方（公克）
無鹽奶油	100
蛋白	100
細砂糖	100
抹茶粉	4
蜂蜜	10
杏仁粉	40
泡打粉	2
低筋麵粉	40

作法

01
配方外奶油煮至澄清奶油狀態，薄薄一層刷上模具，冰冰箱，待凝固再刷一層。模具撒大量麵粉，再將多餘的麵粉抖落。

02
無鹽奶油小火加熱，加熱至澄清奶油狀態。因為要把水分慢慢蒸發掉，用中火或大火旁邊可能會燒焦，所以要用小火。

03
鍋子加熱中心溫度會最高，要用耐熱刮刀略拌輔助，避免中心燒焦。加熱過程中會聽到類似油爆的聲音，這是因為水分被蒸發掉了。

04
當聲音轉小時就是水分幾乎蒸發完畢，達到澄清奶油之狀況。因為油比水輕，底部沒有看到白色乳脂肪就代表煮好了。

05
將細砂糖、抹茶粉放入袋子內，搖晃均勻。

06
乾淨鋼盆加入蛋白、作法5抹茶細砂糖、蜂蜜，用打蛋器拌勻，輕輕拌勻即可，盡量不要拌到起泡。

07
加入過篩杏仁粉、過篩泡打粉、過篩低筋麵粉。

08
以打蛋器拌勻，混合後會發現麵糊有一點稠度。

09

分 5~6 次加入降溫至 50~65°C 的奶油，這個溫度的奶油與麵糊融合性會比較好，拌至乳化均勻，麵糊呈現滑順細緻的狀態。

10

乳化是油包水，一口氣加太快油脂會來不及吸收，費南雪無法保持濕潤度。

11

拌勻如果一堆泡泡，代表泡打粉起作用了，但正常來說加入奶油不太會起泡，奶油太熱也會導致泡打粉失去膨脹力。

12

以保鮮膜封起，靜置一個晚上，時間約 12 小時，最多不要超過 24 小時。

13

取出回溫 1 小時，回溫至麵糊具流性，刮刀拌一下材料，讓材料質地一致。

14

搭配刮刀裝入擠花袋中，裝的時候盡量不要裝入空氣。

15

擠入作法 1 前置完畢的模具內，每個擠約 40g。

16

送入預熱好的烤箱，以上下火 200°C 烘烤 10~12 分鐘。

★蜂蜜可用楓糖替代，添加一點轉化糖可以讓濕潤度較佳，且保濕性也會比較好。

★我喜歡用細砂糖，口感比較有鬆度，國外喜歡用純糖粉，純糖粉口感會比較扎實。

★比較瑪德蓮、費南雪甜點等級的話，費南雪甜點等級比較高。

★比較容易沾黏的蛋糕會黏在模型上面，刷兩層可以確定費南雪麵糊在模具上熟成均勻。

抹茶變化！紅酒烏豆沙費南雪蛋糕

01

作法 15 擠完麵糊後，撒碎杏仁果，再擠上 10g 市售紅酒烏豆沙餡。參考作法 16 烤熟。

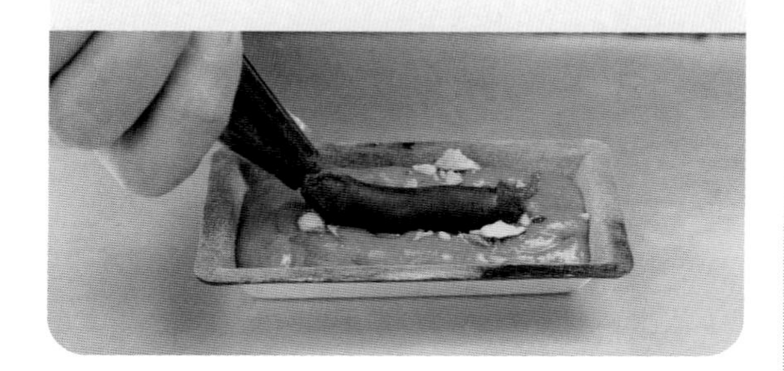

02

使用★抹茶奶油醬（P.150），搭配花嘴 SN7142 擠造型。

03

完成。

★杏仁果使用前先用 120°C 烘烤 30 分鐘。

抹茶變化！抹茶圓舞曲費南雪蛋糕

01

作法 15 模具替換成「圓鋁 60」，這個模具就不用抹油撒粉，擠到 8 分滿，撒碎杏仁果。

02

擠上 10g 市售紅酒烏豆沙餡，送入預熱好的烤箱，以上下火 200°C 烘烤 10~12 分鐘。

03

完成。

★杏仁果使用前先用 120°C 烘烤 30 分鐘。

Part 9
達克瓦茲系列

No. 52 達克瓦茲餅乾

材料

	配方（公克）
蛋白	100
細砂糖	20
杏仁粉	70
純糖粉	50
低筋麵粉	10

★裝飾要另外備妥配方外純糖粉，篩純糖粉的用意是為了保護「蛋白內的水分」，水分不會太快蒸發，膨脹力會比較好，同時上面有一層脆殼，可以增加口感跟風味。

★看到蛋白要打發的產品，請記住手法無條件一定要輕柔，蛋白打發就是把空氣打進蛋白裏，想像一下這個材料會有多脆弱呢？放著不管他就自己消亡了，何況是粗魯的、很用力的拌勻，作法7~9請盡可能溫柔地拌勻吧～

作法

01

預先秤好杏仁粉、純糖粉、低筋麵粉，分別過篩，再放入袋子中混合。

02

乾淨鋼盆加入蛋白，注意鋼盆要確認乾淨，無油、無水，有一點點都會使蛋白無法打發。

03

手持攪拌機快速打15~20秒，打至起粗泡泡。

04

起泡後加入細砂糖，因為糖很少，慢慢加一次倒完，期間持續以快速打至蓬鬆。

05

材料開始有紋路狀，打到蛋白發白，整體呈蓬鬆狀。

06

用手指或機器把蛋白倒著觀察，仔細看蛋白尖端，尖端呈挺立、質地有濕潤感即完成。

★打蛋白非常重要，打得好的蛋白，後面即使隨意拌勻也比較不會消泡。

07

加入作法 1 混合過篩的杏仁粉、純糖粉、低筋麵粉，加的時候可以用篩進去的方式（等於篩兩次）。

08

刮刀由鋼盆一側，從 12 點鐘方向，用畫圓方式貼著鋼盆底部，刮到 7 點鐘方向，輕柔地朝上翻拌。

09

期間可以轉動鋼盆，拌的時候請觀察缸內狀態，要朝沒有均勻的材料拌去，拌好之後表面會有一點粗糙感，質地不會非常細膩。

★拌過頭會消泡，拌不夠會結塊，需特別注意。

10

擠花袋套入花嘴 SN7067，前端剪一刀，搭配刮刀將麵糊裝入擠花袋中。

★觀察麵糊狀態，如果水水的就 NG 囉。

11

盡量不要裝入空氣（如下圖），但如果不小心裝到也並非大問題，只是擠的時候擠到一半麵糊會斷開。

12

烤盤墊上矽膠墊，均勻地擠上達克瓦茲，擠的時候維持間距一致、大小、高度也盡量一致，擠約 4~5 公分圓形。

★規格一致才能一起烤熟，有大有小會使同一盤產品生熟不一。

13

表面放配方外杏仁片裝飾。

14

均勻地篩第一層純糖粉，第一層純糖粉會被麵糊吸收。

15

要再篩第二層，篩的量需有一定的厚度，若純糖粉篩得太少，烘烤時蛋白水分會流失，達克瓦茲可能會塌陷。

★但也不可以太多，多到太重直接壓垮打發蛋白。

16

送入預熱好的烤箱，以上下火 170°C 烘烤 16~18 分鐘。

香草奶油醬

材料 配方(公克)

無鹽奶油	100g
純糖粉	50g
煉乳	30g
香草莢醬	2g

01
無鹽奶油放置室溫退冰，軟化至 16~20°C。鋼盆加入所有材料。

02
手持攪拌機中速打至材料均勻，完成~

03
完成。

抹茶奶油醬

材料 配方(公克)

無鹽奶油	100g
純糖粉	50g
煉乳	30g
抹茶粉	3g

01
無鹽奶油放置室溫退冰，軟化至 16~20°C。鋼盆加入所有材料。

02
手持攪拌機中速打至材料均勻，完成~

03
完成。

咖啡奶油醬

材料 配方(公克)

無鹽奶油	100g
純糖粉	50g
煉乳	30g
即溶黑咖啡粉	3g

01
無鹽奶油放置室溫退冰，軟化至 16~20°C。鋼盆加入所有材料。

02
手持攪拌機中速打至材料均勻，完成~

03
完成。

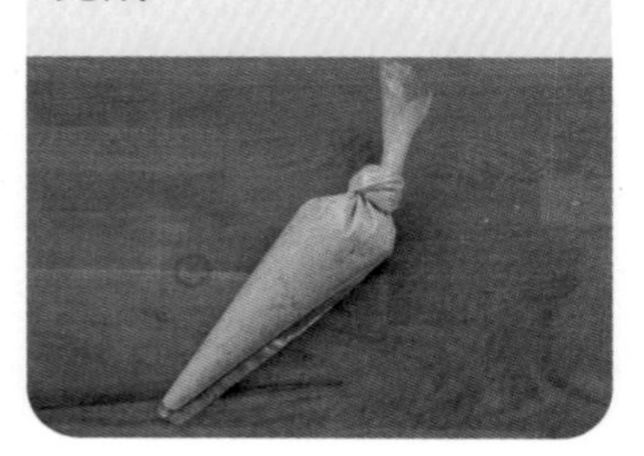

「達克瓦茲」的推薦搭配

推薦大家從最清爽的香草吃起。香草無論搭配什麼，都可以很好的凸顯副材料特色。
原味的
香草奶油醬
香草奶油醬
×
市售海鹽焦糖丁
抹茶的茶感跟烏豆沙是傳統絕配，與橘皮丁則多一股清新柑橘感。
抹茶奶油醬
×
市售烏豆沙餡
抹茶奶油醬
×
市售蜜漬橘皮丁

咖啡屬於比較重的口味，推薦搭配會選用味感次強的東西搭配，才不會被蓋掉。
咖啡奶油醬
×
市售烏豆沙餡
咖啡奶油醬
×
市售蜜漬洛神花丁餡
咖啡奶油醬
×
市售海鹽焦糖丁

Part
10
比司吉變化系列

No. 53 蜂蜜比斯吉

配方 1：夢幻蜂蜜比斯吉

材料	克數 (g)
無鹽奶油	100
低筋麵粉	180
高筋麵粉	100
奶粉	20
泡打粉	15
鹽	5
無糖優格	100
鮮奶	100
蜂蜜	20

配方 2：經典美式比司吉

材料	克數 (g)
無鹽奶油	100
低筋麵粉	180
高筋麵粉	100
奶粉	20
泡打粉	15
鹽	5
白脫牛奶	180
蜂蜜	20

作法

01

無鹽奶油秤好切丁，冰冷藏備用。鋼盆加入過篩低筋麵粉、高筋麵粉、奶粉、泡打粉、鹽、無鹽奶油丁。

02

奶油不須退冰，直接使用。一手扶住鋼盆，一手將材料抓勻，粉類會慢慢變黃，此時奶油因為低溫不會全數融入材料中，將材料稍微混合即可。

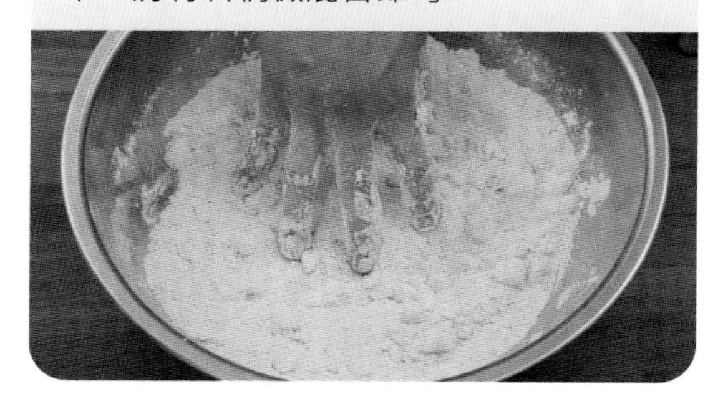

03

製作配方 1 加入無糖優格、鮮奶、蜂蜜（製作配方 2 則加入白脫牛奶、蜂蜜），改用長刮刀拌勻。

04

拌勻到乾性材料吸收濕性材料，只要大致混勻即可。

05

桌面撒手粉（高筋麵粉），再倒入麵團，表面再撒適量手粉。切麵刀將材料朝中心刮入，另一手將麵團按壓收整。

06

反覆此動作，刮入 → 壓 → 刮入 → 壓，此動作即為「壓拌」，整理成團狀。

07

手搭配切麵刀來回壓拌 4~5 次，讓麵團更均勻，注意不能過度壓拌，所以特別寫來回壓拌 4~5 次，整理成下圖狀況。

08

手與擀麵棍都抹一點手粉（高筋麵粉），將麵團擀長 26、寬 18、厚 2~2.5 公分。

09

使用 6 公分中空壓模，壓下麵團後輕輕旋轉，再將模具傾斜，麵團便自然被帶起。壓出 6 個比斯吉，間距相等排入烤盤。

10

表面刷上全蛋液，送入預熱好的烤箱，設定上火 200°C / 下火 150°C 烘烤 16~25 分鐘。

★只有單一烤溫的烤箱可設定 200°C 烘烤 16~18 分鐘。

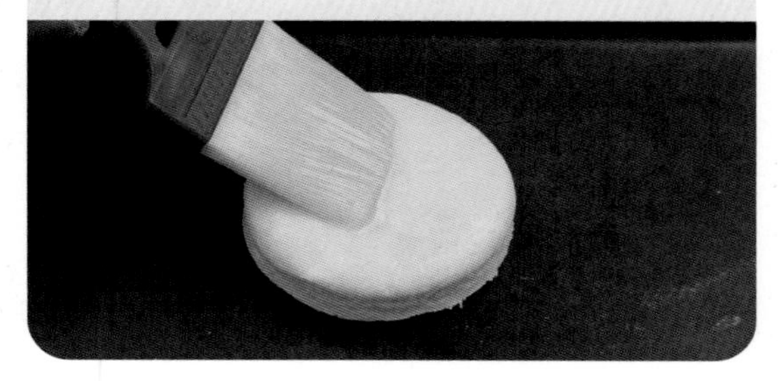

比斯吉不浪費的「變化作法」

Step1 作法 9 邊角材料不要浪費，隨意切成小塊狀，放入不沾烤盤。

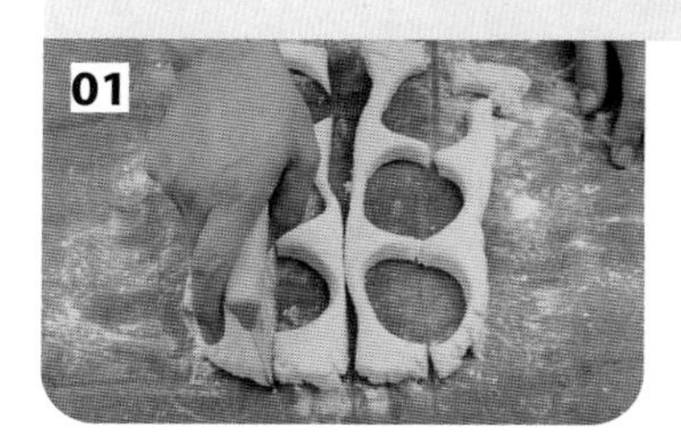

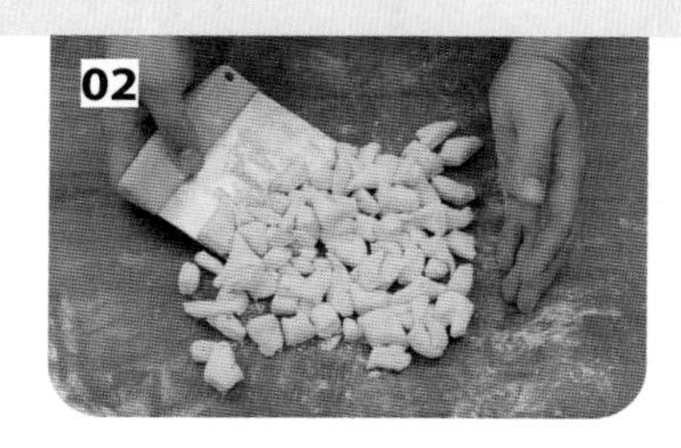

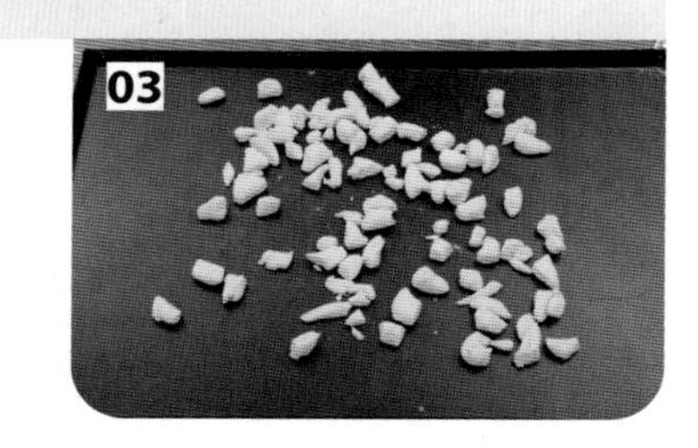

Step2

適當地刷上全蛋液。

或

或者撒中雙糖。

或

也可以撒海鹽焦糖丁。

Step3 送入預熱好的烤箱，設定上火 200°C / 下火 150°C 烘烤 13~15 分鐘。

變化！原味麵包丁

變化！中雙糖麵包丁

變化！海鹽焦糖麵包丁

Baking 08

極簡甜點工作室！手作餅乾、法式點心專門書

國家圖書館出版品預行編目 (CIP) 資料
極簡甜點工作室！手作餅乾、法式點心專門書 / 呂昇達著 . -- 一版 . -- 新北市：優品文化事業有限公司 , 2022.03 160 面 ; 19x26 公分 . -- (Baking ; 8)

ISBN 978-986-5481-22-3(平裝)

1.CST: 點心食譜

427.16　　110022338

作　　者　呂昇達

總 編 輯　薛永年

美術總監　馬慧琪

文字編輯　蔡欣容

攝　　影　蕭德洪

出 版 者　優品文化事業有限公司
電話：(02)8521-2523
傳真：(02)8521-6206
Email：8521service@gmail.com
（如有任何疑問請聯絡此信箱洽詢）
網站：www.8521book.com.tw

印　　刷　鴻嘉彩藝印刷股份有限公司

業務副總　林啟瑞 0988-558-575

總 經 銷　大和書報圖書股份有限公司
新北市新莊區五工五路 2 號
電話：(02)8990-2588
傳真：(02)2299-7900

網路書店　www.books.com.tw 博客來網路書店

出版日期　2022 年 3 月

定　　價　480 元

上優好書網

LINE 官方帳號

Facebook 粉絲專頁

YouTube 頻道

（黏貼處）

極簡甜點工作室！
手作餅乾、法式點心
專門書

讀者回函

♥ 為了以更好的面貌再次與您相遇，期盼您說出真實的想法，給我們寶貴意見 ♥

姓名：	性別：□ 男　□ 女	年齡：　　　歲
聯絡電話：（日）　　　　　　（夜）		
Email：		
通訊地址：□□□-□□		
學歷：□ 國中以下　□ 高中　□ 專科　□ 大學　□ 研究所　□ 研究所以上		
職稱：□ 學生　□ 家庭主婦　□ 職員　□ 中高階主管　□ 經營者　□ 其他：		

● 購買本書的原因是？

□ 興趣使然　□ 工作需求　□ 排版設計很棒　□ 主題吸引　□ 喜歡作者　□ 喜歡出版社
□ 活動折扣　□ 親友推薦　□ 送禮　□ 其他：________________

● 就食譜叢書來說，您喜歡什麼樣的主題呢？

□ 中餐烹調　□ 西餐烹調　□ 日韓料理　□ 異國料理　□ 中式點心　□ 西式點心　□ 麵包
□ 健康飲食　□ 甜點裝飾技巧　□ 冰品　□ 咖啡　□ 茶　□ 創業資訊　□ 其他：________

● 就食譜叢書來說，您比較在意什麼？

□ 健康趨勢　□ 好不好吃　□ 作法簡單　□ 取材方便　□ 原理解析　□ 其他：________

● 會吸引你購買食譜書的原因有？

□ 作者　□ 出版社　□ 實用性高　□ 口碑推薦　□ 排版設計精美　□ 其他：________

● 跟我們說說話吧～想說什麼都可以哦！

寄件人 地址：

姓名：

廣告回信
免貼郵票
三重郵局登記證
三重廣字第0751號

平信

上優文化事業有限公司　收
(優品)

極簡甜點工作室！
手作餅乾、法式點心
專門書

讀者回函

(請沿此虛線對折寄回)